NCS 적용교육!!

어드밴스 헤어 퍼머넌트 웨이브

Administrator Hair Permanent Wave

메디시안

머리말

최근 우리나라는 모든 기술직종에서 국가직무능력표준(NCS, National Competency Standards)을 제정하여 산업현장에서 성공적이고도 효율적인 직무수행 능력을 갖추도록 필요한 지식과 기술, 그리고 소양 등을 체계화하여 기술 및 학습 교육의 표준화를 이루었습니다.

본 교재는 이 준거에 의하여 'NCS 능력단위 중 어드밴스 헤어 퍼머넌트 웨이브' 〈1201010121,22_19v5,1201010134,35,36_17v4〉를 완벽하게 실행할 수 있도록 NCS 기반 어드밴스 헤어 퍼머넌트 웨이브의 교과목 정리와 다양한 어드밴스 헤어퍼머넌트 웨이브의 이해, 그리고 15주 동안 수업할 어드밴스 헤어 퍼머넌트 웨이브 실습과 창작으로 진행될 실습으로 나누었고 실습 사진을 세세히 촬영, 수록하여 학생들에게 자세하고도 쉽게 이해할 수 있도록 하려는 의도에서 집필되었습니다.

이와 같이 한 학기 동안 헤어 퍼머넌트 웨이브의 기본 이해로부터 다양한 실습까지 습득함으로써 산업현장에 나아가 응용 헤어 퍼머넌트 웨이브를 자신감 있게 시행하고 나아가 손님들에게 인정을 받도록 하는 것이 또한 이 책의 목표입니다.

이 분야의 새로운 학습 모듈이 제시되는 등 시대에 따른 변화에도 연구를 게을리하지 않을 것을 약속드리며 여러 교수님들의 지도와 성원을 부탁드립니다. 끝으로 실습과 촬영에 적극적으로 참여해 주신 선생님들과 편집디자인에서부터 출판에 이르기까지 애써주신 메디시언 임직원들에게도 심심한 감사의 말씀을 드립니다.

계묘년 입추

필자 대표 박 은 준

차례

Contents

차례

Contents

Chapter 1

1. 교과목 프로파일
2. NCS기반 강의 계획서

Chapter. 1

NCS 기반 적용 헤어 퍼머넌트 웨이브

1. 교과목 PROFILE

대분류	중분류	소분류	세분류
숙박 · 여행 · 오락	이 · 미용	이 · 미용 서비스	헤어미용
능력단위 수준	2, 3수준		
능력단위 명칭	롤 헤어펌 <1201010121_19v5> 매직 스트레이트 헤어펌 <1201010122_19v5> 디자인 헤어펌 <1201010134_17v4> 디지털세팅 헤어펌 <1201010135_17v4> 볼륨 매직 헤어펌 <1201010136_17v4>		
교과목표	1. 모발에 펌제를 도포하고 롤을 사용한 와인딩 기법으로 모발을 C컬의 형태로 만드는 능력을 함양한다. 2. 모발에 펌제와 플랫 형태의 매직기를 사용하여 모발을 스트레이트 형태로 변화하는 능력을 함양한다. 3. 고객의 요구, 외형적 특징, 트렌드 등을 반영하여 설계한 헤어디자인에 적합한 펌제 및 펌도구를 선택 · 사용하여 헤어펌을 완성하는 능력을 함양한다. 4. 고객의 요구, 외형적 특징, 트렌드 등을 반영하여 설계한 헤어디자인을 바탕으로 디지털세팅기 등 다양한 열펌기를 사용하여 헤어펌을 완성하는 능력을 함양한다. 5. 고객의 요구, 외형적 특징, 트렌드 등을 반영하여 설계한 헤어디자인에 적합한 펌제 및 펌도구를 선택 · 사용하여 헤어펌을 완성하는 능력을 함양한다.		

능력단위 명칭	단원명 (능력단위 요소명)	교과내용
롤 헤어펌 1201010121_19v5	롤 헤어펌하기	1.1 모발길이에 맞는 굵기의 롤과 펌 도구 일체를 준비할 수 있다. 1.2 모발 유형에 따른 펌제를 도포하여 와인딩 할 수 있다. 1.3 와인딩된 롤 로드에 펌 1제를 도포할 수 있다. 1.4 웨이브 형성 촉진을 위해 가온기나 음이온기기 등을 사용할 수 있다. 1.5 처리 시간이 되면 중화제 처리를 할 수 있다.
	롤 헤어펌 마무리하기	2.1 와인딩 된 롤을 오프 하여 마무리 세척을 할 수 있다. 2.2 모발에 남아있는 펌제를 깨끗하게 세척할 수 있다. 2.3 헤어스타일링 제품을 사용하여 마무리할 수 있다.
매직스트레이트 헤어펌 1201010122_19v5	매직스트레이트 헤어펌하기	1.1 매직스트레이트 헤어펌에 필요한 도구 일체를 준비할 수 있다. 1.2 모발 연화를 위해 펌 1제와 가온기 등을 사용할 수 있다. 1.3 연화가 끝난 모발을 충분히 헹군 후 건조시킬 수 있다. 1.4 플랫 형태의 매직기로 모발의 큐티클을 정돈하며 스트레이트 형태로 펼 수 있다. 1.5 펌 2제가 피부에 흘러내리지 않도록 도포 할 수 있다.
	매직스트레이트 헤어펌 마무리하기	2.1 매직스트레이트 헤어펌의 마무리 세척을 할 수 있다. 2.2 스타일링을 위해 모발에 잔여 수분함량을 조절할 수 있다. 2.3 헤어스타일 연출 제품을 사용하여 마무리할 수 있다. 2.4 고객에게 홈케어 손질법을 설명할 수 있다.

능력단위 명칭	단원명 (능력단위 요소명)	교과내용
디자인 헤어펌 1201010134_17v4	디자인 헤어펌하기	1.1 고객의 특성과 라이프 스타일에 어울리는 디자인 헤어펌 이미지를 상담할 수 있다. 1.2 고객의 요구를 반영한 창의적인 헤어펌을 디자인할 수 있다. 1.3 디자인 연출을 위한 펌제와 다양한 로드를 선택할 수 있다. 1.4 다양한 와인딩 기법으로 디자인 헤어펌을 와인딩한 후 1제를 도포하고 처리시간을 설정할 수 있다. 1.5 원하는 디자인 펌의 웨이브형성을 테스트컬한 후 중화처리 할 수 있다.
	디자인 헤어펌 마무리하기	2.1 헤어펌 유형에 따라 로드오프하여 마무리 세척을 할 수 있다. 2.2 헤어펌 유형에 따라 헤어스타일링을 위해 모발에 잔여 수분함량을 조절할 수 있다. 2.3 헤어스타일 연출 제품을 사용하여 마무리할 수 있다. 2.4 고객에게 홈케어 방법을 설명하고 필요한 제품을 추천할 수 있다.
디지털세팅 헤어펌 1201010135_17v4	디지털세팅 헤어펌하기	1.1 디지털세팅기와 약제 및 도구를 준비할 수 있다. 1.2 디지털세팅 헤어펌에 맞는 펌제를 모발에 도포한 후 연화에 필요한 시간을 결정할 수 있다. 1.3 연화시간 끝나면 테스트 한 후 모발의 펌제를 깨끗하게 세척할 수 있다. 1.4 디지털기기의 로드를 이용하여 와인딩할 수 있다. 1.5 원하는 웨이브 형성에 필요한 시간을 결정하고 이후 중화처리 할 수 있다.
	디지털세팅 헤어펌 마무리하기	2.1 디지털 기기의 로드오프 후 모발을 샴푸할 수 있다. 2.2 디지털세팅 헤어펌의 스타일링을 위해 모발에 잔여 수분함량을 조절할 수 있다. 2.3 헤어스타일 연출 제품을 사용하여 마무리할 수 있다. 2.4 고객에게 디지털세팅 헤어펌의 홈케어 손질법을 설명할 수 있다.

능력단위 명칭	단원명 (능력단위 요소명)	교과내용
볼륨 매직 헤어펌 1201010136_17v4	볼륨 매직 헤어펌하기	1.1 고객의 요구, 고객의 특성과 라이프스타일 및 모발상태를 고려하여 볼륨 매직 헤어펌을 디자인하고 제안할 수 있다. 1.2 디자인 연출을 위한 펌제, 볼륨매직아이론의 굵기, 처리시간 등을 결정할 수 있다. 1.3 볼륨매직 헤어펌을 위한 연화작업을 진행한 후 모발에 있는 펌제를 깨끗하게 헹구어 낼 수 있다. 1.4 볼륨매직아이론을 사용하여 원하는 부분에 볼륨 또는 웨이브를 연출할 수 있다. 1.5 볼륨매직 헤어펌 작업이 끝난 모발에 중화처리를 할 수 있다.
	볼륨 매직 헤어펌 마무리하기	2.1 볼륨매직 헤어펌 유형에 따라 마무리 세척을 할 수 있다. 2.2 볼륨매직 헤어펌 유형에 따른 마무리를 위해 모발에 잔여 수분함량을 조절할 수 있다. 2.3 볼륨매직 헤어펌 유형에 따라 헤어스타일 연출 제품을 사용하여 마무리할 수 있다. 2.4 고객에게 볼륨 매직 헤어펌 손질법을 설명할 수 있다.
교육방법	강의법, 실험실습법, AI 교수법, 문제해결식 수업	
평가 시 고려사항	• 수행준거에 따른 지식 · 기술 · 태도의 습득 능력 • 작업지시서 내용의 준수여부 • 모발손상과 두피자극을 최소화 하는 서비스 능력 • 테스트컬의 판단 능력 • 연화타임의 판단 능력 • 얼굴형과 모발상태 및 트렌드 등을 고려한 헤어펌 서비스 기술 • 얼굴형과 모발상태 및 트렌드 등을 고려한 볼륨 매직펌 테크닉	
평가 방법	A.포트폴리오 B.문제해결 시나리오 C.서술형 시험 D.논술형 시험 E.사례연구 F.평가자 질문 G.평가자체크리스트 H.피평가자 체크리스트 I.일지/저널 · 역할연기 K.구두발표 L.작업장평가 M.기타	
작업기초능력	기술능력(기술이해능력 · 기술적용능력), 문제해결능력(사고력 · 문제처리능력), 대인관계능력(고객 서비스 능력)	

2. NCS 기반 강의계획서

<table>
<tr><td>능력단위명
〈코드〉</td><td colspan="5">롤 헤어펌 <1201010121_19v5>
매직 스트레이트 헤어펌 <1201010122_19v5>
디자인 헤어펌 <1201010134_17v4>
디지털세팅 헤어펌 <1201010135_17v4>
볼륨 매직 헤어펌 <1201010136_17v4></td></tr>
<tr><td rowspan="2">이수구분</td><td colspan="2">이수시간</td><td>학점</td><td colspan="2">학년/학기</td></tr>
<tr><td colspan="2"></td><td></td><td colspan="2"></td></tr>
<tr><td>강의실</td><td colspan="2"></td><td>요일</td><td colspan="2"></td></tr>
<tr><td>담당교수</td><td colspan="2">(인)</td><td>연구실</td><td colspan="2"></td></tr>
<tr><td>연락처</td><td colspan="2"></td><td>E-mail</td><td colspan="2"></td></tr>
<tr><td>학습환경</td><td colspan="2">헤어실습실</td><td>학습자료</td><td colspan="2">교재</td></tr>
<tr><td>인력양성
유형</td><td colspan="2">초급 헤어디자이너</td><td>관련자격증</td><td colspan="2">과정평가형</td></tr>
<tr><td>교과목표</td><td colspan="5">1. 모발에 펌제를 도포하고 롤을 사용한 와인딩 기법으로 모발을 C컬의 형태로 만드는 능력을 함양
2. 모발에 펌제와 플랫 형태의 매직기를 사용하여 모발을 스트레이트 형태로 변화하는 능력을 함양
3. 고객의 요구, 외형적 특징, 트렌드 등을 반영하여 설계한 헤어디자인에 적합한 펌제 및 펌도구를 선택 · 사용하여 헤어펌을 완성하는 능력을 함양
4. 고객의 요구, 외형적 특징, 트렌드 등을 반영하여 설계한 헤어디자인을 바탕으로 디지털세팅기 등 다양한 열펌기를 사용하여 헤어펌을 완성하는 능력을 함양
5. 고객의 요구, 외형적 특징, 트렌드 등을 반영하여 설계한 헤어디자인에 적합한 펌제 및 펌도구를 선택 · 사용하여 헤어펌을 완성하는 능력을 함양</td></tr>
<tr><td>실습장비 및
재료</td><td colspan="5">콜드펌을 위한 다양한 굵기 형태의 로드, 히팅펌을 위한 기기 및 다양한 굵기 형태의 세팅기와 열기구, 빗, 브러쉬, 샴푸대와 의자, 작업용 웨건, 타이머, 중화받침대, 헤어퍼머넌트 웨이브제, 샴푸제와 린스제, 피부와 모발 보호제, 핀셋, 고무줄, 비닐캡, 엔드페이퍼, 헤어밴드, 고무장갑, 스틱, 헤어스타일 연출제품</td></tr>
<tr><td rowspan="3">교재 및
참고도서</td><td>구분</td><td>교재명</td><td>저자</td><td>출판사</td><td>출판년도</td></tr>
<tr><td>주 교재</td><td>NCS 적용교육!
어드밴스 헤어
퍼머넌트 웨이브</td><td>박은준 외</td><td>메디시언</td><td>2023</td></tr>
<tr><td>참고도서</td><td colspan="4"></td></tr>
</table>

<table>
<tr><td rowspan="3">평가방법</td><td>A</td><td>B</td><td>C</td><td>D</td><td>E</td><td>F</td><td>G</td><td>H</td><td>I</td><td>J</td><td>K</td><td>L</td><td>M</td><td>출석</td><td>계(%)</td></tr>
<tr><td></td><td></td><td></td><td></td><td></td><td></td><td></td><td></td><td></td><td></td><td></td><td></td><td></td><td></td><td></td></tr>
<tr><td colspan="15">A. 포트폴리오 B. 문제해결 시나리오 C. 서술형 시험 D. 논술형 시험
E. 사례연구 F. 평가자 질문 G. 평가자 체크리스트 H. 피평가자 체크리스트
I. 일지/저널 · 역할연기 K. 구두발표 L. 작업장평가 M. 기타</td></tr>
</table>

<table>
<tr><th>능력단위
명칭〈코드〉</th><th>단원명
(능력단위
요소명)</th><th>수행준거 (평가내용)</th></tr>
<tr><td rowspan="2">롤 헤어펌
〈1201010121
_19v5〉</td><td>롤
헤어펌하기</td><td>1.1 모발길이에 맞는 굵기의 롤과 펌 도구 일체를 준비할 수 있다.
1.2 모발 유형에 따른 펌제를 도포하여 와인딩 할 수 있다.
1.3 와인딩된 롤 로드에 펌 1제를 도포할 수 있다.
1.4 웨이브 형성 촉진을 위해 가온기나 음이온기기 등을 사용할 수 있다.
1.5 처리 시간이 되면 중화제 처리를 할 수 있다.</td></tr>
<tr><td>롤 헤어펌
마무리하기</td><td>2.1 와인딩 된 롤을 오프 하여 마무리 세척을 할 수 있다.
2.2 모발에 남아있는 펌제를 깨끗하게 세척할 수 있다.
2.3 헤어스타일링 제품을 사용하여 마무리할 수 있다.</td></tr>
<tr><td rowspan="2">매직
스트레이트
헤어펌
〈1201010122
_19v5〉</td><td>매직
스트레이트
헤어펌하기</td><td>1.1 매직스트레이트 헤어펌에 필요한 도구 일체를 준비할 수 있다.
1.2 모발 연화를 위해 펌 1제와 가온기 등을 사용할 수 있다.
1.3 연화가 끝난 모발을 충분히 헹군 후 건조시킬 수 있다.
1.4 플랫 형태의 매직기로 모발의 큐티클을 정돈하며 스트레이트 형태로 펼 수 있다.
1.5 펌 2제가 피부에 흘러내리지 않도록 도포 할 수 있다.</td></tr>
<tr><td>매직
스트레이트
헤어펌
마무리하기</td><td>2.1 매직스트레이트 헤어펌의 마무리 세척을 할 수 있다.
2.2 스타일링을 위해 모발에 잔여 수분함량을 조절할 수 있다.
2.3 헤어스타일 연출 제품을 사용하여 마무리할 수 있다.
2.4 고객에게 홈케어 손질법을 설명할 수 있다.</td></tr>
<tr><td>디자인
헤어펌
〈201010134
_17v4〉</td><td>디자인
헤어펌하기</td><td>1.1 고객의 특성과 라이프 스타일에 어울리는 디자인 헤어펌 이미지를 상담할 수 있다.
1.2 고객의 요구를 반영한 창의적인 헤어펌을 디자인할 수 있다.
1.3 디자인 연출을 위한 펌제와 다양한 로드를 선택할 수 있다.
1.4 다양한 와인딩 기법으로 디자인 헤어펌을 와인딩한 후 1제를 도포하고 처리시간을 설정할 수 있다.
1.5 원하는 디자인 펌의 웨이브형성을 테스트컬한 후 중화처리 할 수 있다.</td></tr>
</table>

디자인 헤어펌 〈201010134_17v4〉	디자인 헤어펌 마무리하기	2.1 헤어펌 유형에 따라 로드오프하여 마무리 세척을 할 수 있다. 2.2 헤어펌 유형에 따라 헤어스타일링을 위해 모발에 잔여 수분함량을 조절할 수 있다. 2.3 헤어스타일 연출 제품을 사용하여 마무리할 수 있다. 2.4 고객에게 홈케어 방법을 설명하고 필요한 제품을 추천할 수 있다.
디지털세팅 헤어펌 〈1201010135_17v4〉	디지털세팅 헤어펌하기	1.1 디지털세팅기와 약제 및 도구를 준비할 수 있다. 1.2 디지털세팅 헤어펌에 맞는 펌제를 모발에 도포한 후 연화에 필요한 시간을 결정할 수 있다. 1.3 연화시간 끝나면 테스트 한 후 모발의 펌제를 깨끗하게 세척할 수 있다. 1.4 디지+털기기의 로드를 이용하여 와인딩할 수 있다. 1.5 원하는 웨이브 형성에 필요한 시간을 결정하고 이후 중화처리 할 수 있다.
	디지털세팅 헤어펌 마무리하기	2.1 디지털 기기의 로드오프 후 모발을 샴푸할 수 있다. 2.2 디지털세팅 헤어펌의 스타일링을 위해 모발에 잔여 수분함량을 조절할 수 있다. 2.3 헤어스타일 연출 제품을 사용하여 마무리할 수 있다. 2.4 고객에게 디지털세팅 헤어펌의 홈케어 손질법을 설명할 수 있다.
볼륨 매직 헤어펌 〈1201010136_17v4〉	볼륨 매직 헤어펌하기	1.1 고객의 요구, 고객의 특성과 라이프스타일 및 모발상태를 고려하여 볼륨 매직 헤어펌을 디자인하고 제안할 수 있다. 1.2 디자인 연출을 위한 펌제, 볼륨매직아이론의 굵기, 처리시간 등을 결정할 수 있다. 1.3 볼륨 매직 헤어펌을 위한 연화작업을 진행한 후 모발에 있는 펌제를 깨끗하게 헹구어 낼 수 있다. 1.4 볼륨매직아이론을 사용하여 원하는 부분에 볼륨 또는 웨이브를 연출할 수 있다. 1.5 볼륨 매직 헤어펌 작업이 끝난 모발에 중화처리를 할 수 있다.
	볼륨 매직 헤어펌 마무리하기	2.1 볼륨 매직 헤어펌 유형에 따라 마무리 세척을 할 수 있다. 2.2 볼륨 매직 헤어펌 유형에 따른 마무리를 위해 모발에 잔여 수분함량을 조절할 수 있다. 2.3 볼륨 매직 헤어펌 유형에 따라 헤어스타일 연출 제품을 사용하여 마무리할 수 있다. 2.4 고객에게 볼륨 매직 헤어펌 손질법을 설명할 수 있다.

능력단위 명칭〈코드〉	관련 지식(K), 기술(S), 태도(A)	
롤 헤어펌 〈1201010121_19v5〉	지식(K)	• 펌제의 성분과 작용원리 • 롤 헤어펌 와인딩 방법 • 롤 헤어펌 도구의 특징 및 사용방법 • 롤 헤어펌 손질법 • 헤어스타일링 제품에 관한 지식
	기술(S)	• 롤 헤어펌 와인딩 기술 • 펌제의 선정과 도포 능력 • 가온기 사용 능력 • 롤 헤어펌 오프 하는 기술 • 롤 헤어펌 후 샴푸하는 능력 • 타월 드라이 후 모발을 건조하는 기술 • 헤어스타일링 제품 사용기술
	태도(A)	• 고객 안전을 살피는 자세 • 고객 만족을 위해 노력하는 태도 • 고객의 불편을 수시로 확인하고 대처하는 자세 • 고객의 두피에 자극을 최소화 하려는 자세 • 펌제의 정량사용으로 자원낭비와 환경오염을 최소화하려는 의지 • 고객만족을 위해 노력하는 자세 • 고객의 두피와 모발을 보호하려는 태도 • 제품의 정량사용으로 자원 낭비와 환경오염을 최소화하려는 노력
매직 스트레이트 헤어펌 〈1201010122_19v5〉	지식(K)	• 펌제의 작용과 특성에 관한 지식 • 매직스트레이트 헤어펌에 필요한 펌제 사용법 • 매직스트레이트 헤어펌 도구 및 기기 사용법 • 매직스트레이트 헤어펌 서비스 시 모발의 전 · 후 처리기법에 대한 지식 • 매직스트레이트 헤어펌 마무리 세척 방법 • 헤어 스타일링 연출기법과 제품에 관한 지식 • 매직스트레이트 헤어펌 홈케어 방법
	기술(S)	• 펌제의 사용 능력 • 모발 손상을 최소화하는 능력 • 매직스트레이트 헤어펌 서비스 시 모발의 전 · 후 처리 기술 • 매직스트레이트 헤어펌 마무리 세척 능력 • 헤어펌 후 헤어스타일 연출능력 • 헤어스타일링 제품 사용기술 • 홈케어 및 스타일링제품 안내능력

<table>
<tr><td>매직
스트레이트
헤어펌
〈1201010122
_19v5〉</td><td>태도(A)</td><td>• 모발손상을 최소화하려는 태도
• 고객만족을 위해 노력하는 태도
• 고객 안전을 살피는 신중한 자세
• 고객의 불편을 확인하고 대처하는 자세
• 두피를 자극하지 않도록 주의하는 자세
• 고객만족을 위해 노력하는 자세
• 고객의 두피와 모발을 보호하려는 태도
• 제품의 정량사용으로 자원 낭비와 환경오염을 최소화하려는 노력</td></tr>
<tr><td rowspan="3">디자인
헤어펌
〈1201010134
_17v4〉</td><td>지식(K)</td><td>• 헤어트렌드에 관한 지식
• 스타일 상담과 이미지제안에 대한 지식
• 펌제의 작용과 특성에 관한 지식
• 헤어펌 도구 및 기기사용법
• 다양한 와인딩기법과 로드에 관한 지식
• 디자인 헤어펌 작업 시 모발의 전 · 후 처리기법
• 헤어 스타일링에 관한 지식
• 디자인 헤어펌 손질에 관한 지식
• 헤어스타일링 제품에 관한 지식
• 헤어펌 유형별 홈케어 방법에 관한 지식</td></tr>
<tr><td>기술(S)</td><td>• 헤어트렌드 분석 능력
• 펌제의 사용 능력
• 다양한 로드사용과 와인딩 기술
• 모발 손상을 최소화하는 기술
• 스타일 상담과 이미지연출 능력
• 디자인 헤어펌 작업 시 모발의 전 · 후 처리 기술
• 로드-오프 및 마무리 샴푸능력
• 웨이브 디자인에 따른 모발 건조 기술
• 헤어스타일 연출능력
• 헤어스타일링 제품 사용기술</td></tr>
<tr><td>태도(A)</td><td>• 모발손상을 최소화하려는 태도
• 고객만족을 위해 노력하는 태도
• 고객의 불편을 확인하고 대처하는 자세
• 디자인의 창의성과 완성도를 높이려는 태도
• 두피를 자극하지 않도록 주의하는 자세
• 펌제의 정량사용으로 자원낭비와 환경오염을 최소화하려는 의지
• 고객의 두피와 모발을 보호하려는 태도
• 제품의 정량사용으로 자원 낭비와 환경오염을 최소화하려는 노력</td></tr>
</table>

디지털세팅 헤어펌 〈1201010135_17v4〉	지식(K)	• 디지털세팅 헤어펌에 관한 지식 • 열펌의 기구와 기기사용방법 • 헤어제품에 관한 지식 • 디지털세팅 헤어펌에 필요한 펌제 사용방법 • 디지털세팅 헤어펌 작업 시 모발의 전 · 후 처리 기법에 대한 지식 • 디지털세팅 헤어펌 손질에 관한 지식 • 헤어스타일 연출 제품에 관한 지식
	기술(S)	• 펌제 작용시간을 판단하는 능력 • 모발 손상을 최소화하는 기술 • 디지털세팅 헤어펌 작업 시 모발의 전 · 후 처리 기술 • 디지털세팅 헤어펌의 기구와 기기를 사용하는 능력 • 디지털세팅 헤어펌에 따른 도구와 재료를 사용할 수 있는 능력 • 타월드라이 후 웨이브 디자인에 따른 모발 건조 기술 • 디지털세팅 헤어펌 후 헤어스타일 연출능력 • 헤어스타일링 제품 사용기술
	태도(A)	• 고객만족을 위해 노력하는 자세 • 고객만족을 위해 노력하는 태도 • 고객의 불편을 확인하고 대처하는 자세 • 디자인의 창의성과 완성도를 높이려는 태도 • 열펌기구 및 도구사용 시 고객의 안전을 살피는 자세 • 서비스 제공 시 두피를 자극하지 않도록 주의하는 자세 • 고객의 두피와 모발을 보호하려는 태도 • 제품의 정량사용으로 자원 낭비와 환경오염을 최소화하려는 노력
볼륨 매직 헤어펌 〈1201010136_17v4〉	지식(K)	• 이미지제안에 필요한 지식 • 헤어트렌드에 관한 지식 • 펌제의 작용과 특성에 관한 지식 • 볼륨 매직 헤어펌에 필요한 펌제 사용법 • 볼륨 매직 헤어펌 작업 시 모발의 전 · 후 처리 기법에 대한 지식 • 볼륨 매직 헤어펌 도구 및 기기사용법 • 볼륨 매직 헤어펌에 관한 지식

볼륨 매직 헤어펌 <1201010136_17v4>	기술(S)	• 헤어트렌드 분석 능력 • 스타일 상담과 이미지연출 능력 • 펌제의 사용과 볼륨매직아이론 선택 능력 • 모발 손상을 최소화하는 기술 • 볼륨매직 헤어펌 작업 시 모발의 전 · 후 처리 기술 • 펌제 작용시간을 판단하는 능력 • 볼륨매직 헤어펌의 기기, 도구, 재료를 사용하는 능력 • 모발 손상을 최소화하는 기술
	태도(A)	• 고객만족을 위해 노력하는 자세 • 고객의 불편을 확인하고 대처하는 자세 • 디자인의 창의성과 완성도를 높이려는 태도 • 볼륨매직아이론 사용 시 고객의 안전을 살피는 자세 • 서비스 제공 시 두피를 자극하지 않도록 주의하는 자세

주차별 강의계획서

주차	학습내용 (단원명)	수업(수행)목표	수업 방식	수업매체 및 자료	평가
1	어드밴스 퍼머넌트웨이브	• 열 퍼머넌트 웨이브와 콜드 퍼머넌트 웨이브의 원리에 대해 설명할 수 있다. • 얼굴형과 외형의 특징에 따른 퍼머넌트 웨이브 스타일을 알 수 있다. • 모질에 따른 사전처리와 펌제를 선택할 수 있다.	강의	교재	
2	로드 호수에 따른 웨이브 형태와 길이 변화	• 1호부터 10호까지 로드 크기에 따른 웨이브의 형태와 모발 길이의 변화를 수행할 수 있다.	강의, 실습	교재	1차 (서술형 시험)
3	롤 헤어펌	• 볼륨감 없는 직모의 모발을 롤로 말아 전체적으로 볼륨감을 주면서 부드러운 이미지로 디자인을 수행할 수 있다.	강의, 실습	교재	
4	매직스트레이트 헤어펌	• 모질에 따라 연화타임을 수행할 수 있다. • 파상모나 축모를 직모로 교정하기 위해 매직스트레이트 프레스작업을 수행할 수 있다.	강의, 실습	교재	

주차	학습내용 (단원명)	수업(수행)목표	수업 방식	수업매체 및 자료	평가
5	디자인 헤어펌 (벽돌쌓기)	• 모발의 갈라짐을 최소화하고 볼륨을 살리기 위한 벽돌쌓기 와인딩 기법 디자인을 수행할 수 있다.	강의, 실습	교재	
6	디자인 헤어펌 (곡선라인)	• 사이드 모발의 흐름을 자연스럽게 뒤쪽으로 넘어갈 수 있도록 곡선라인 와인딩 기법으로 얼굴형에 맞게 디자인을 수행할 수 있다.	강의, 실습	교재	
7	디자인 헤어펌 (뿌리 파마 & 인덴테이션)	• 가늘고 숱이 없는 모발에 부분적으로 뿌리파마를 시술하고, 모발 끝부분을 인덴테이션 와인딩으로 시술하여 발랄한 이미지로 디자인을 수행할 수 있다.	강의, 실습	교재	
8	디자인 헤어펌 (기본 스파이럴)	• 율동감 없는 긴 생머리에 기본 스파이럴 와인딩 기법으로 시술하여 원하는 위치까지 웨이브를 균일하게 수행할 수 있다.	강의, 실습	교재	
9	디자인 헤어펌 (남자 볼륨 펌)	• 밋밋한 모발에 벽돌쌓기 와인딩 기법으로 볼륨감과 자연스러운 웨이브로 디자인을 수행할 수 있다.	강의, 실습	교재	
10	디자인 헤어펌 (여자 아이론 펌)	• 모질에 따라 연화타임을 수행할 수 있다. • 숱이 없거나 가는 모발에 뿌리 볼륨을 살리고 전체적으로 자연스러운 웨이브가 생기도록 디자인을 수행할 수 있다. • 모발이 손상되지 않도록 열을 조절하여 아이론을 수행할 수 있다.	강의, 실습	교재	
11	디자인 헤어펌 (남자 아이론 펌)	• 모질에 따라 연화타임을 수행할 수 있다. • 짧은 모발에 볼륨과 탄력 있는 자연스러운 웨이브가 생기도록 디자인을 수행할 수 있다. • 모발이 손상되지 않도록 열 조절하여 아이론을 수행할 수 있다.	강의, 실습	교재	

주차	학습내용 (단원명)	수업(수행)목표	수업 방식	수업매체 및 자료	평가
12	디지털세팅 헤어펌	• 모질에 따라 연화타임을 수행할 수 있다. • 전기 열을 이용하여 웨이브형태를 오랫동안 유지시키고 드라이를 한 듯한 자연스러운 웨이브로 디자인을 수행할 수 있다.	강의, 실습	교재	
13	볼륨 매직 헤어펌	• 모질에 따라 연화타임을 수행할 수 있다. • 파상모나 축모를 볼륨감이 있는 생머리로 디자인하기 위해 볼륨 매직펌을 수행할 수 있다.	강의, 실습	교재	
14	창작 디자인 헤어펌 Ⅰ (콜드펌)	• 인덴데이션 와인딩을 할 수 있다. • 모발의 율동감과 움직임을 표현할 수 있다.	강의, 실습	교재	3차 (포트폴리오)
15	창작 디자인 헤어펌 Ⅱ (열펌)	• 고객기록차트를 작성할 수 있다. • 모질과 외형적 특징을 파악하고 모질에 따른 펌제를 선택하여 수행할 수 있다. • 고객의 얼굴형과 외형적 특징에 따른 열 퍼머넌트 웨이브를 창의력 있게 디자인을 수행할 수 있다. • 퍼머넌트 웨이브 시술 후 마무리를 수행할 수 있다.	강의, 실습	교재	2차 (평가자 체크리스트)

Chapter 2

1주 퍼머넌트 웨이브 이론

1. 퍼머넌트웨이브
2. 퍼머넌트웨이브 구성성분
3. 모발과 pH
4. 두피와 모발진단
5. 외형적 특징 파악
6. 웨이브 길이에 따른 종류
7. 모발 상태에 따른 전처리
8. 모질에 따른 펌제 선택
9. 와인딩 종류
10. 퍼머넌트웨이브 시술과정
11. 퍼머넌트 웨이브에 미치는 요인
12. 퍼머넌트 웨이브 시술시 주의사항
13. 펌제 도포방법
14. 헤어스타일링 제품 및 특징

Chapter. 2 헤어 퍼머넌트 웨이브의 이해

학습내용(단원명)	수업 목표
퍼머넌트 웨이브 이론	· 열 퍼머넌트 웨이브와 콜드 퍼머넌트 웨이브의 원리에 대해 설명할 수 있다. · 얼굴형과 외형의 특징에 따른 퍼머넌트 웨이브 스타일을 설명할 수 있다. · 모질에 따른 사전처리와 펌제를 선택할 수 있다.

1. 퍼머넌트 웨이브

1. 콜드 퍼머넌트 웨이브

(1) 콜드 퍼머넌트 웨이브의 원리

퍼머넌트 웨이브는 측쇄결합 중에서도 가장 견고한 시스틴(S-S)결합에 의해 형성된다. 즉, 펌 제1제(환원제) 도포 후에 시스틴이 시스테인으로 환원 작용된 모발에 여러 가지 와인딩 기법과 다양한 로드 등의 물리적 방법을 사용하여 모발의 모양을 변형 시킨다. 그리고 펌 제2제(산화제) 도포 후의 산화작용에 의해 시스테인이 새로운 시스틴으로 재결합되면서 다양한 모양의 퍼머넌트 웨이브가 형성되는 것이다.[1]

현재 가장 많이 사용되고 있는 퍼머넌트 웨이브 방법은 제1제(환원제)와 제2제(산화제)로 구성되어 있으며, 두 종류의 용액을 사용하며 상온에서 사용이 가능한 콜드(Cold) 펌제이다.

2욕식에는 가온 2욕식, 무 가온 2욕식이 있으며, 1제(환원제)는 시스테인, 산성, 알칼리 펌제가 있고, 제2제(산화제)는 과산화수소와 브롬산 나트륨이 있다.[2]

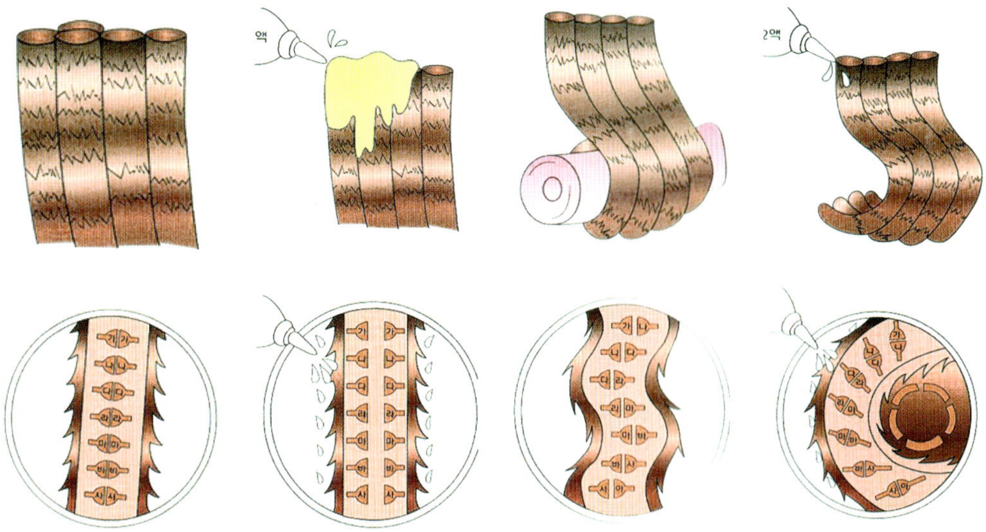

그림 2-1 퍼머넌트 웨이브 원리

2. 열 퍼머넌트 웨이브

(1) 열 퍼머넌트 웨이브의 역사

열 퍼머넌트 웨이브는 1875년 프랑스 마셀 그라토우가 마셀 아이론과 그 사용법을 발표한 것에서 시작되었다. 1905년 영국의 찰스 네슬러가 알칼리와 열의 원리를 이용한 히트웨이브를 개발하였으며, 그 후 전기 아이론이 발명되어 온도 조절이 용이하게 되었다. 현대 아이론의 근원은 찰스 네슬러에 의해 정착되었으며 웨이브를 영구적으로 지속시키기 위해 열을 가하여 웨이브를 만들어 내는 데 성공한 것이 오늘날 열펌과 아이론 펌의 근원이다.

(2) 열 퍼머넌트 웨이브의 원리

열 퍼머넌트 웨이브의 원리는 치오글리콜산의 작용과 알칼리 가수분해의 원리를 이용한 것이다. 알칼리를 가수분해하기 위해서 50℃ 이상의 온도가 필요하게 되는 데 이때 모발의 손상이 발생하기 때문에 모발을 보호해주는 트리트먼트 시술과정을 거치게 된다.

열 퍼머넌트 웨이브는 제1제(환원제)로 환원된 모발에 뜨거운 열을 가하여 웨이브를 형성하는 것이다. 1제(환원제)를 도포할 때 연화라 하며 연화가 끝난 다음 물로 깨끗이 헹구어 내고 가열로드를 이용하여 웨이브를 형성한다. 시스틴 결합인 콜드 퍼머넌트 웨이브와는 달리 열 퍼머넌트 웨이브는 알칼리 상태에서 가열을 하면 일어나는 가수분해 반응인 |-S-S-|→|SH SOH-|로 바뀌는 것이다.

열 퍼머넌트 웨이브는 수소결합에 의한 펌으로 자연스러운 컬을 형성할 수 있으며 탄력있는 웨이브를 4~5개월 정도 유지할 수 있다.

열 퍼머넌트 웨이브를 시술할 경우 모발 내의 수분량은 20~30% 정도의 수분량이 가장 적당하며 수분량이 많으면 열을 공급할 때 온도가 비정상적으로 높아져 모발 내의 케라틴 결합이 감소되고 단백질의 변성이 일어날 수 있다. 또한 수분량이 너무 적으면 수소결합의 단절이 제한되어 컬을 생성 유지하기가 어렵다. 열 퍼머넌트 웨이브에 사용되는 펌제는 가온 2욕식을 사용한다. 가온 2욕식 펌제는 콜드 2욕식 펌제에 비해 알칼리도와 치오글리콜산의 함유율이 낮게 포함되어 있어 가온에 의해 화학반응을 촉진시켜 웨이브를 형성시킨다.

⑵ 열 퍼머넌트 웨이브의 종류

매직 스트레이트

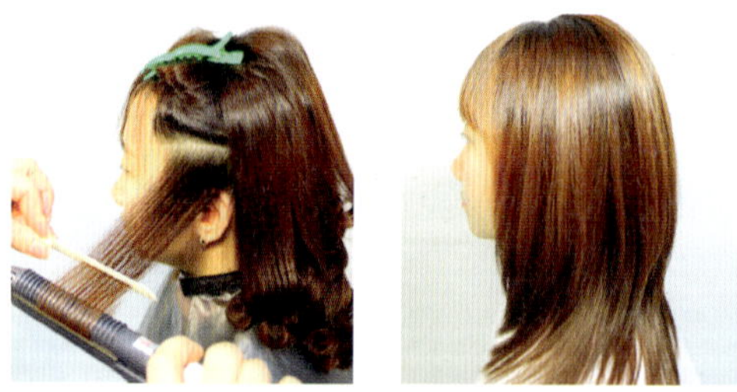

볼륨 매직

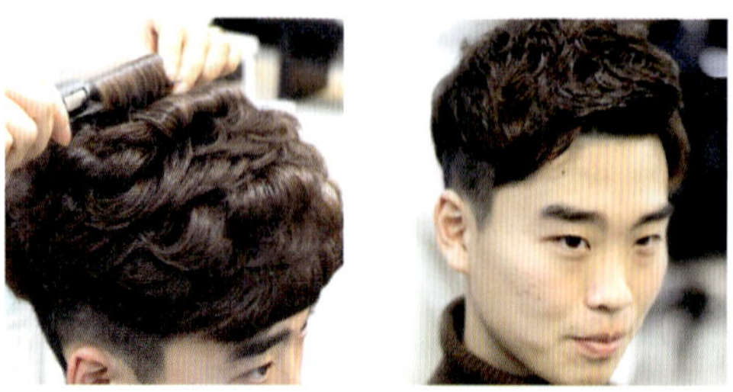

아이론 펌

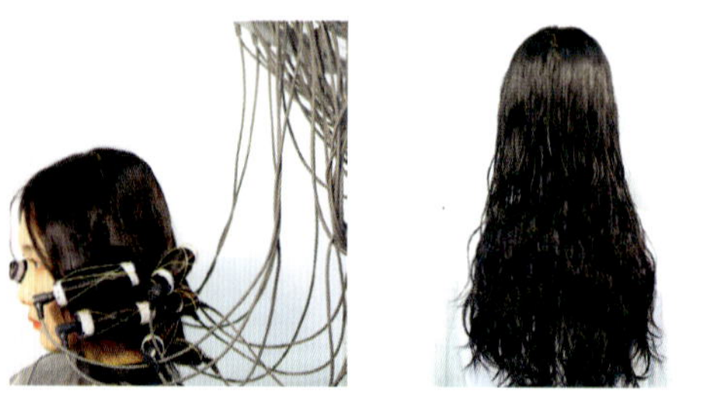

디지털펌 & 셋팅 펌

2. 퍼머넌트 웨이브 구성성분

1. 제1제(환원제)

어떤 물질이 산소와 결합하여 다른 물질로 변화하는 화학반응을 산화라 하며 이 반응에 의해 생성된 물질을 산화물이라 한다. 반대로 산소를 제거하는 반응을 환원이라 하는데, 산화 반응과 환원 반응은 반드시 짝지어져서 나타나는 반응이므로 보통 산화 환원 반응이라고 한다. 이때 자신이 산화되면서 다른 것을 환원하는 물질을 환원제, 자신이 환원되면서 다른 것을 산화시키는 것을 산화제라고 한다.[3)]

제1제 환원제는 모발의 시스틴(-S-S-)결합을 절단하여 시스틴을 시스테인(-SH)으로 환원 반응시키고 제2제인 산화제는 환원된 모발을 산화반응시킴으로써 새로운 시스틴(S-S)결합이 형성되어 웨이브를 형성시킨다. 이를 2욕식 콜드 웨이브라고 하며 현재까지도 가장 일반적인 방법으로 많이 사용되고 있다.

표 2-1 제1제 환원제의 장· 단점

약제	장점	단점
치오계열	· 휘발성으로 모발에 알칼리 잔류가 적으므로 파마시술 후에 손상이 적음 · 분자가 적으므로 머리카락 내부에 들어가기가 쉽고 많은 시스틴 결합을 절단할 수 있기에 강한 웨이브가 가능함	· 휘발성이므로 냄새가 남 · 도포직후 자극이 강함
시스계열	· 불휘발성이라 냄새가 적고 환원력이 약하므로 모발 손상도 적음 · 소프트에서 자연스러운 웨이브와 볼륨을 원할 때 사용함	· 불휘발성이라 알칼리가 잔류함 · 점성이 높은 약액임 · 강한 웨이브 모발에는 부적합함
셀파이드 계열	· 불휘발성으로 거의 냄새가 없음 · 환원력이 적으므로 모발의 손상이 적음	· 알칼리 잔류도가 높아 산성린스 등의 후 처리를 확실히 하지 않으면 시술 후 손상의 염려가 있음

퍼머넌트 웨이브는 시술 전 머리질감, 손상의 정도를 파악하여 원하는 상태에 따라 약제를 선택해야 한다. 제1제는 크게 치오글리콜산암모늄인(치오계열), 시스테인(시스계열), 화장품의 원료 등록인(셀파이드 계열) 등이 있다. 제1제의 각각의 특징에 따라 장점과 단점을 가지고 있으므로 약액의 특성을 잘 숙지해야 모발 손상을 줄이고 효과적인 퍼머넌트 웨이브의 결과를 볼 수 있다.[4)]

약액은 와인딩된 모발에 골고루 도포하는 것이 중요하며 모발에 잘 스며들 수 있도록 약액을 로드에 바르듯이 도포한다. 환원제의 방치시간은 온도와 모발의 상태에 따라 적용하나 일반적으로 10~20분이 넘지 않도록 한다.

2. 제2제 (산화제)

제2제(산화제)는 중화제라고도 하며, 브롬산나트륨과 과산화수소의 2종류가 있다.

제1제(환원제)의 환원작용이 끝나면 퍼머넌트 웨이브 결과를 확인한 후 제1제(환원제)를 세척한 모발에 도포한다. 이때 모발의 수분함량에 따라 산화제의 작용효과가 달라질 수 있으므로 수분을 충분히 제거한 후 제2제(산화제)를 도포하는 것이 중요하다. 제2제(산화제)의 방치시간은 모질에 따라 다르게 적용되며 평균 10~15분이 넘지 않도록 하고 5~7분 간격으로 2회 나누어 재도포하는 것이 효과적이다.

표 2-2 브롬산나트륨과 과산화수소의 차이[5)]

약제	과산화수소	브롬산나트륨
pH 농도	2.5~3.5 알칼리성에서 분해하기 쉬움	5~6 산성에서 분해하기 쉬움
산화작용	강하다	약하다
작용(방치)시간	5~10분	10~20분
모발의 영향	단백질 분해, 모발손상이 큼 (아이론 펌, 치오)	단백질 응고, 모발 손상이 적음 (시스테인)
탈색 또는 변색작용	있다	없다
펌 후 상태(감촉)	물이 남음, 부드러움	물과 브롬산 과다 처리 시 뻣뻣함
입자크기	작다(컬 형성력이 강함)	크다

3. 모발과 pH

펌 시술이 모발 손상에 영향을 미치는 원인으로 펌제의 pH가 높으면 시스틴 결합과 염 결합을 절단하고 느슨하게 하는 효과가 높아진다. 이는 펌의 효과는 커지지만 모발 손상상태에 따라 심하게 팽윤되어 쪼글쪼글 해지거나 용해되므로 모발 손상의 커다란 원인이 될 수 있다.[6]

일반적으로 미용현장에서 퍼머넌트 웨이브에 의한 모발 손상은 콜드 퍼머넌트 웨이브 약제를 가온해서 사용했을 경우, 모질에 대한 약액 선정이 잘못된 경우에 주로 일어난다.[7]

모발의 pH란 산성과 알칼리성의 정도를 나타내는 수치로서 0에서 14까지로 구분한다. 이때 가장 중간인 7을 중성이라 하고 7 이하를 산성이라 하며 그 이상을 알칼리성으로 표현하고 있다.

모발의 pH는 보통 4.5~5.5 정도로 측정된다.[8]

모발이나 피부의 pH는 모발이 수분을 함유하고 있을 때 모발 표면 또는 모피질 내의 수분을 pH로 측정하는 것이며, pH밸런스란 모발이 화학적인 처리 이후 원래 농도인 pH 4.5~5.5의 약산성으로 되돌아가도록 해주는 것을 말한다. 펌 시술 후 알칼리를 띠는 모발을 산성샴푸나 린스를 사용하여 약산성으로 되돌아오게 함으로써 모발의 손상을 방지할 수 있다.

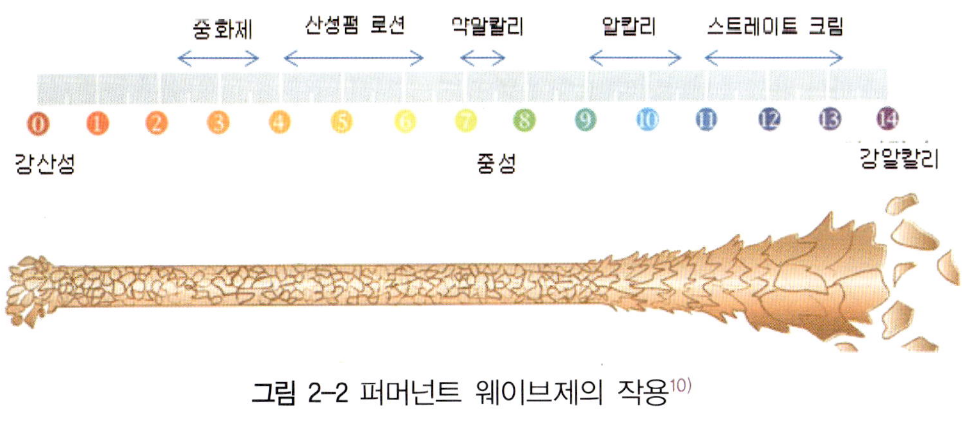

그림 2-2 퍼머넌트 웨이브제의 작용[10]

산성은 모표피를 닫아 주고 모발을 부드럽게 해주며 모발에 윤기와 빗질이 용이하도록 해준다. 알칼리성의 경우 모표피를 열어주고 모발의 광택을 없애며 모발을 까칠하게 하여 빗질이 잘 되지 않는다.[9)]

다음은 pH의 개념을 펌제의 분류 기준으로 삼아 산성 펌제, 중성 펌제, 알칼리 펌제로 분류하여 시술 횟수에 따른 구조학적 변화를 살펴본 결과이다.

표 2-3 펌 시술횟수에 따른 형태학적 변화[11)]

모발	시술횟수	산성 펌제 (pH 4.5~5.5)	중성 펌제 (pH 6.5~7.5)	알칼리 펌제 (pH 8.5~9.5)
직모	대조군 모발	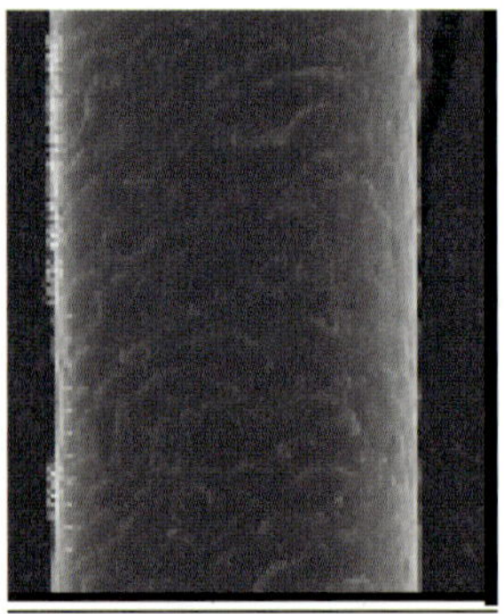	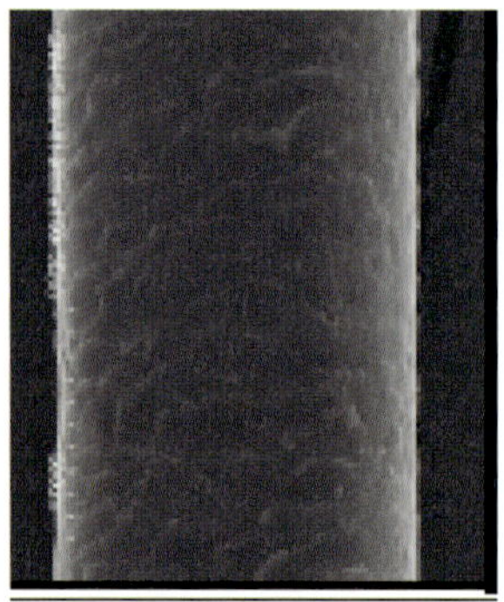	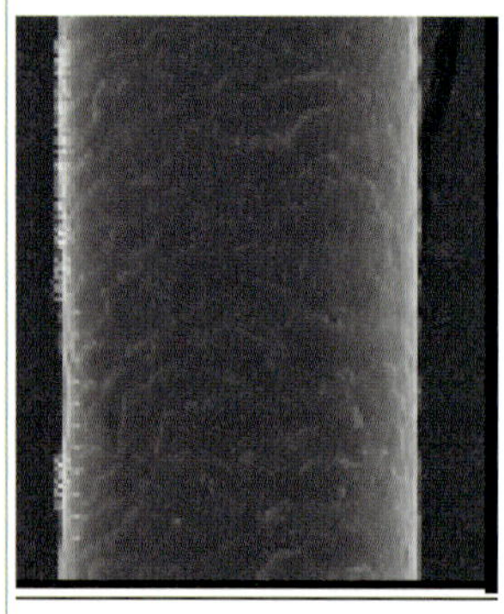
	1회 시술		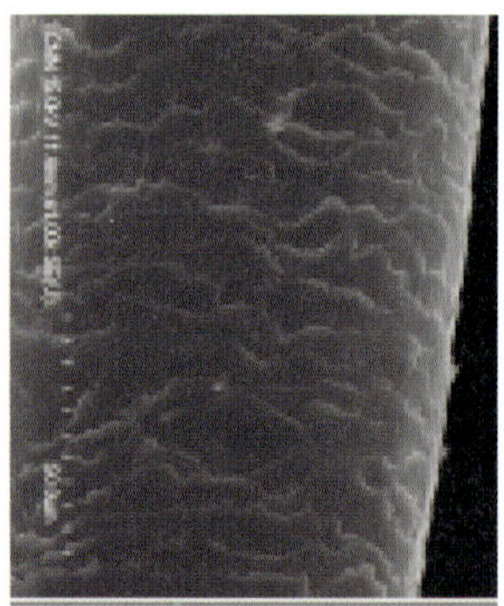	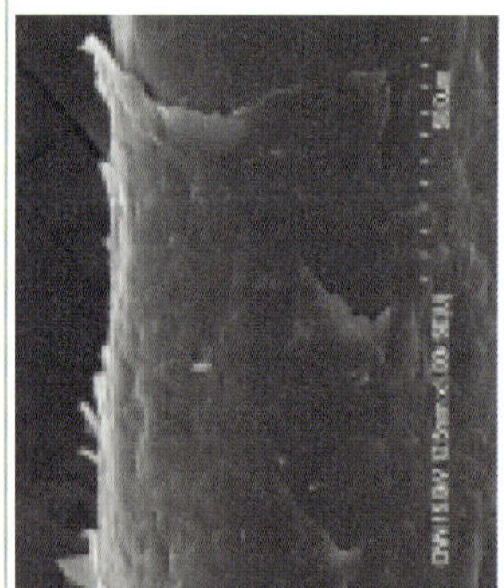
	3회 시술	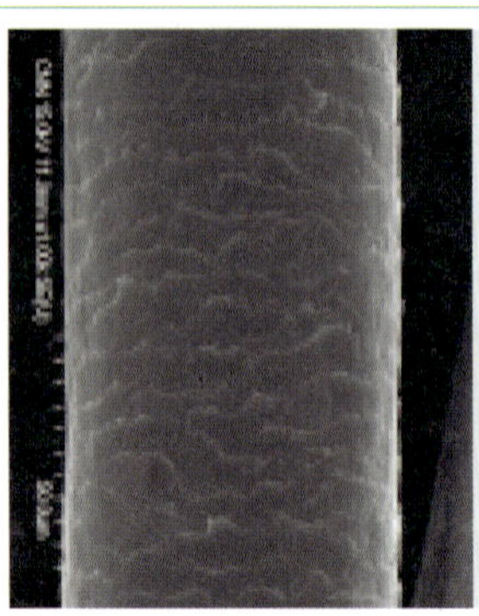	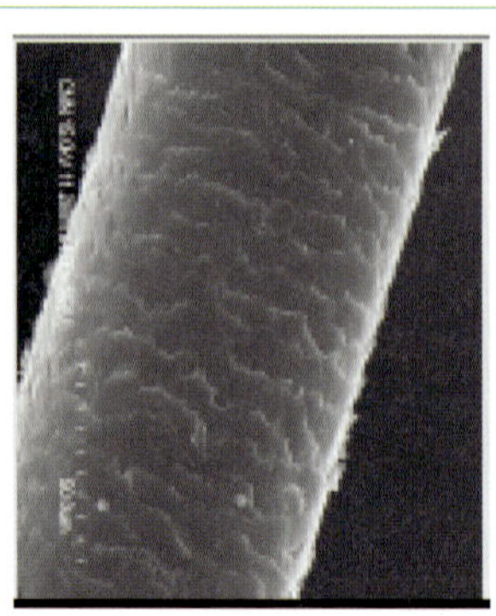	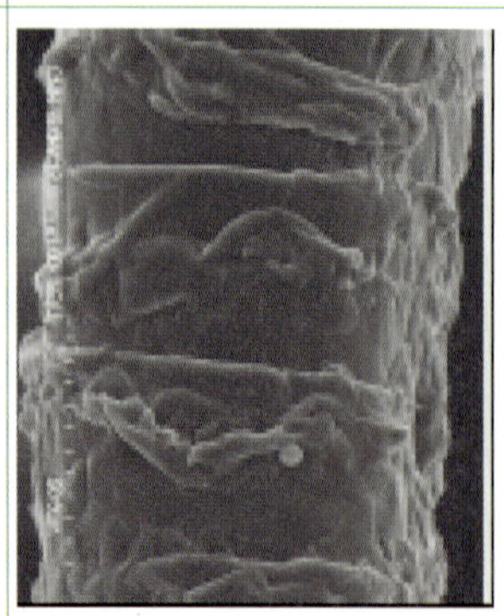

4. 두피 및 모발진단

퍼머넌트 웨이브를 시술하기 전 두피의 상처나 염증, 기타 질환이 있는지 먼저 살펴본 후 두피에 이상이 있을 경우에는 증상이 회복될 때까지 시술을 자제하는 것이 좋다. 이상 증상이 있는 상태에서 시술을 하였을 경우 화학적 자극에 의해 악화되거나 모낭염을 일으켜 탈모 현상을 초래할 수 있기 때문이다. 또한 모발진단을 정확하게 했을 경우 만족하는 퍼머넌트 웨이브의 시술결과를 얻을 수 있으므로 모발상태에 따른 진단과 분석이 중요하다.

두피 및 모발 진단은 시진, 문진, 촉진과 함께 필요한 경우에는 진단기 등을 사용하여 두피의 이상 징후 및 모발의 상태와 손상 정도를 확인하고 진단 후에는 퍼머넌트 웨이브 시술에 필요한 적절한 처치가 필요하다.

표 4 두피 및 모발 진단에 따른 퍼머넌트 웨이브 유의사항 [12)]

구분	진단	유의사항 및 처치
두피상태	상처, 염증 등 이상성 질환 발견	• 완전히 회복될 때까지 시술 보류
모발상태	과도한 화학 시술 등으로 모발의 시나친 손상	• 회복될 때까지 시술 보류 • 모발 보호를 위한 별도의 전처리 유도
	다공성 모발(손상, 건조)	• 방치시간을 짧게 하고 시스테인계의 웨이브제 사용
	저항성 모발	• 모발의 굵기에 따라 웨이브제의 흡수가 다르므로 모발에 따른 시간 조절이 필요
모발의 질감	굵은 모발/ 가는 모발	• 웨이브 형성과 형태 지속에 문제가 있을 수 있으므로 특수한 전처리 과정이 필요
모발의 탄력성	탄력성이 약한 모발	• 웨이브 형성과 형태 지속에 문제가 있을 수 있으므로 특수한 전처리 과정이 필요
모발의 밀집도	높음/ 낮음	• 밀도가 높은 경우 로드 지름보다 작은 섹션으로 와인딩을 함 • 밀도가 낮은 경우는 로드 지름보다 섹션을 크게 하여 와인딩을 함

5. 외형적 특성 파악

고객의 요구을 정확히 파악하는 것은 만족스러운 결과를 얻기 위해 매우 중요하다. 고객이 희망하는 디자인과 요구사항을 경청한 후 스타일 책이나 태블릿 PC 또는 사진을 활용하여 고객이 희망하는 디자인과 최대한 가까운 헤어스타일을 파악한 후 상담을 해야 한다.

또한 헤어디자인을 설계하기 위해서는 고객의 얼굴형과 두상은 물론 체형의 외형적 특징을 정확하게 파악해야 한다. 특히 두상과 얼굴형은 헤어스타일과 가장 밀접한 관계를 이루고 있으므로, 그 특징을 정확히 파악하여 고객의 단점을 보완하고 장점을 높일 수 있는 헤어디자인을 설계하는 것이 중요하다.

1. 얼굴형

얼굴형은 외모에서 개성을 가장 잘 나타내는 요소로써 얼굴형과 헤어스타일은 서로 상호작용하여 시각적 효과에 영향을 준다.[13] 얼굴형은 두 가지 이상의 복합적이고 다양한 형으로 이루어진다. 이러한 여러 가지 얼굴형을 이해하기 위해서는 우선 얼굴형의 비율을 알아야 한다.[14] 얼굴형의 비율은 얼굴을 수평으로 3등분하여 정확히 분석한 후 얼굴의 중앙을 수직으로 나누는 것이 그 기준이 된다.

얼굴형은 이목구비, 머리모양을 제외한 얼굴의 외곽선을 뜻하고, 외곽선의 형태에 따라 나누어지는 타입으로 얼굴형에 관한 학설이 여러 가지 있지만 국제 표준 얼굴형은 황금비율인 1 : 1.618의 비율을 따르고 있다.[15]

여섯 가지 얼굴형에 대해 모델의 계측항목을 직접 및 간접 계측한 결과 타원형의 얼굴은 얼굴길이가 18.3cm, 얼굴 너비가 12.9cm로 그 비율이 1 : 1.141, 둥근형은 얼굴길이가 17.6cm, 얼굴너비가 14.2cm로 그 비율이 1 : 1.23, 장방형 얼굴은 얼굴길이가 19.0cm, 얼굴너비가 12.3cm로 그 비율이 1 : 1.54, 역삼각형 얼굴은 얼굴길이가 18.1cm, 얼굴너비가 11.8cm로 1 : 1.53, 사각형 얼굴형은 얼굴길이가 19.4cm, 얼굴너비가 13.7cm 1 : 1.41로, 마름모형 얼굴은 얼굴길이가 17.3cm, 얼굴너비가 13.5cm로 1 : 1.28로 계측되었다.

한국미인의 얼굴형은 얼굴길이가 19.7cm, 얼굴너비가 12.9cm로 그 비율이 1 : 1.44이다.

2. 얼굴형 분석에 따른 헤어스타일 제안

표 2-5 6가지 얼굴형에 따른 헤어스타일 볼륨

	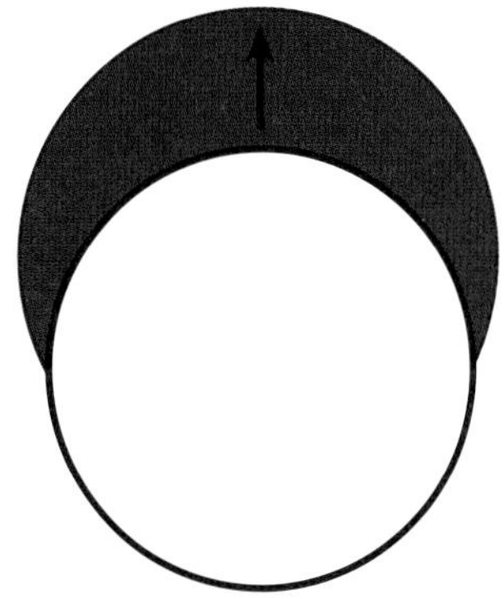	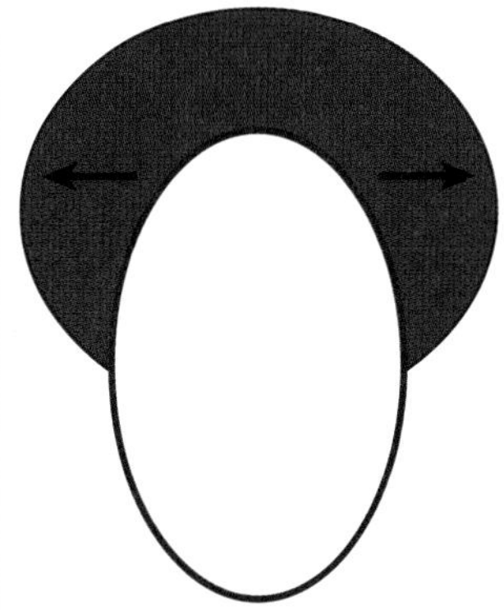
타원형(1 : 1.141)	둥근형(1 : 1.23)	장방형(1 : 1.54)
	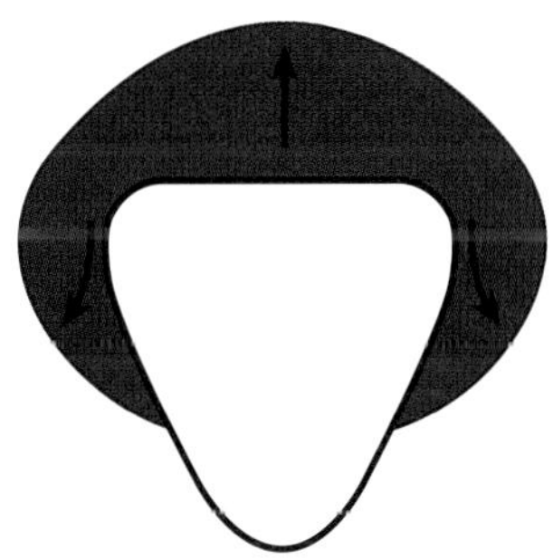	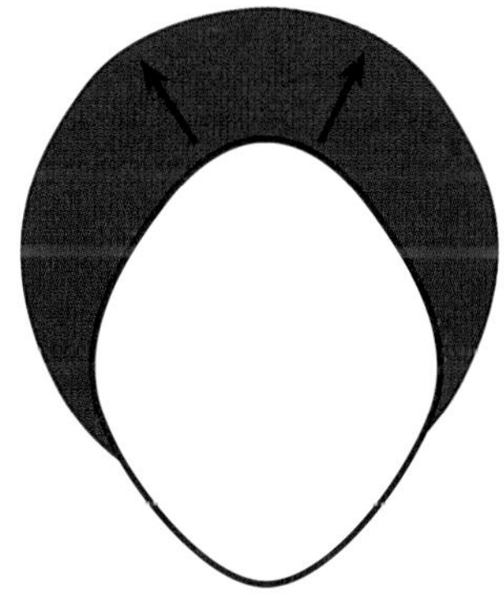
사각형(1 : 1.41)	역삼각형(1 : 1.53)	마름모형(1 : 1.28)

(1) 타원형

얼굴의 가로 길이와 세로 길이의 비율이 1 : 1.141이고 헤어라인에서 눈썹 : 눈썹에서 코 끝 : 코 끝에서 턱선의 비율이 1 : 1 : 1이며, 완만한 턱선과 균형 잡힌 얼굴

윤곽으로 어떠한 스타일이라도 잘 어울리는 얼굴형이다. 얼굴 윤곽선을 가리지 않고 드러내는 헤어스타일로 변화를 주는 것이 좋으며 현대인의 가장 이상적이고 표준적인 얼굴형으로 여겨져 다른 얼굴형의 수정 시 기본이 되는 얼굴형이다.

타원형의 얼굴형은 다양한 디자인의 헤어스타일을 소화할 수 있으므로 선택의 폭이 넓다고 할 수 있다.[16]

(2) 둥근형

둥근 얼굴형은 얼굴의 넓이와 1 : 1.23으로 길이가 거의 동일한 형으로 미간이 꽉 차 있어 온화하고, 친밀감과 귀여운 이미지를 주는 얼굴형이다. 둥근 얼굴형의 통통한 볼을 커버하고 얼굴이 길어 보이도록 하기 위해서 세련된 이미지로 보완해야 하며, 탑 부분에 풍성한 볼륨을 주고 사이드는 차분하게 내려오는 웨이브가 어울린다. 반대로 사이드에 볼륨을 주는 웨이브는 볼을 더 통통하게 부각시키므로 피해야하며 앞머리는 짧은 뱅 스타일보다 길게 늘어뜨리는 스타일이 얼굴을 길어 보이게 한다.[17]

(3) 장방형

얼굴의 폭이 좁고 1 : 1.54로 길이가 긴 얼굴형으로 가로의 폭이 좁아 턱이 길어 보이며 날카로운 인상을 줄 수 있다. 길고 갸름한 장방형은 여성스러움과 성숙한 분위기가 있어 지적이고 침착한 인상을 주지만 자칫하면 발랄함이 없어 나이가 들어 보일 수 있는 단점이 있다. 어울리는 헤어스타일로는 뱅(Bang)으로 이마를 가려주고 양쪽 볼 측면의 볼륨을 강조한 스타일과 단발형의 보브 스타일이 잘 어울린다. 피해야 할 스타일은 긴 길이의 스트레이트 헤어스타일과 탑 부분의 볼륨을 주면 더 길어 보일 수 있으므로 볼륨을 다운시켜야 한다.[18]

(4) 사각형

얼굴의 폭과 1 : 1.41로 길이가 거의 같고 체격이 크며 어깨 폭이 넓은 사람 중에 많은 얼굴형이다. 하악골의 발달로 인상이 강해 보이나 의지가 강하고 신뢰감 있는 성실한 얼굴형이라 할 수 있다. 어울리는 헤어스타일로는 얼굴형을 감싸듯 쏟아지는 헤어스타일, 머리끝이 가벼운 스타일에 부드러운 웨이브로 사각턱을 부드럽게 만드는 스타일, 비 대칭 헤어스타일, 웨이브가 강한 롱(Long)헤어스타일이다. 반대로 피해야 할 헤어스타일은 중간 가르마나 턱선에 맞춘 단발머리, 수평의 보브 스타일, 얼굴형이 드러나도록 바깥으로 뻗친 헤어스타일은 피해주는 편이 좋다.[19]

(5) 역삼각형

역삼각형 얼굴형은 1 : 1.53으로 현대적인 얼굴형으로 이마의 가로 넓이가 넓어 시원해 보이고 세련된 이미지를 풍기지만 턱이 좁아 가냘퍼 보이고, 다소 신뢰감이 떨어져 보일 수 있다. 어울리는 헤어스타일로는 좁은 턱선을 보완하기 위해 전체적으로 층을 주고 굵은 웨이브로 턱 선을 부드럽게 감싸도록 두발의 끝 선이 안쪽으로 말리는 헤어스타일[20]이 잘 어울린다. 반대로 피해야 할 헤어스타일은 턱선을 강조하거나 얼굴을 드러내는 스타일과 같은 길이의 스트레이트 헤어스타일은 얼굴 폭을 더욱 가늘어 보일 수 있게 하므로 피해야 한다.

(6) 마름모형

마름모 얼굴형은 1 : 1.28로 얼굴 중앙부분이 넓고, 돌출된 얼굴형으로 얼굴 길이가 좁으며 광대뼈가 두드러져 보이는 얼굴형이다. 군살이 없는 마른 사람에게 많은 얼굴형으로 입체감이 있어 샤프(Sharp)하고, 지적인 이미지를 주지만 차갑고, 신경질직인 이미지를 줄 수 있다.[21] 어울리는 헤어스타일은 삼각형과 역삼각형의 헤어 연출과 비슷하고, 앞머리에 볼륨을 주고 층이 있는 보브 스타일, 얼굴선을 따라 흘러내리는 레이어드(Layerd)스타일이 잘 어울린다.

3. 체형에 따른 헤어 퍼머넌트 웨이브 스타일 제안

(1) 키가 크고 마른 체형

키가 크고 마른 체형은 약간 롱 웨이브 헤어스타일이 잘 어울리며, 숏 스타일의 스트레이트 헤어는 피하는 것이 좋다. 스트레이트 헤어는 자칫 마른체형을 더 부각시키고 짧은 헤어는 키가 더 커보이게 한다.

(2) 키가 작고 마른 체형

키가 작고 마른체형은 롱 헤어 웨이브나 스트레이트 헤어는 피하고 단발 길이의 웨이브 스타일을 선택하는 것이 좋다. 키가 작은 사람은 모발이 길면 오히려 키가 더 작아보이므로 짧은 헤어스타일이 잘 어울린다.

(3) 키가 크고 뚱뚱한 체형

키가 크고 뚱뚱한 체형은 컬이 강한 웨이브나 롱 헤어스타일 보다는 단정한 스트레이트 헤어스타일이 더 잘 어울린다

(4) 키가 작고 뚱뚱한 체형

키가 작고 뚱뚱한 체형은 단발이나 롱 웨이브 스타일보다 숏 스타일의 스트레이트 헤어가 잘 어울린다. 웨이브는 볼륨감이 있어 부피감이 더 커 보이므로 볼륨감을 줄여주는 깔끔한 스트레이트 헤어가 더 낫다.

(5) 목이 길고 가는 체형

목이 길고 가는 체형은 목이 드러나는 숏 스타일은 피하고 목선을 가리는 풍성한 웨이브 스타일이 잘 어울린다.

(6) 목이 짧고 통통한 체형

목이 짧고 통통한 체형은 목선을 가리는 롱 웨이브 스타일보다는 목선을 가리지 않고 탑 부분에 볼륨을 주는 웨이브 스타일이 잘 어울린다.

4. 두상 분석에 따른 디자인 제안

(1) 두상이 납작한 형

탑 부분에는 웨이브의 볼륨을 살려주고 사이드 부분은 볼륨을 줄여준다.

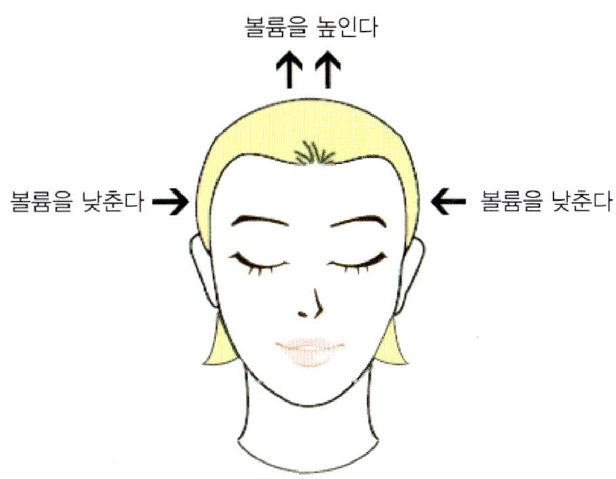

⑵ 두상이 치솟는 형

탑 부분은 볼륨을 줄여주고 사이드는 웨이브의 볼륨을 풍성하게 해준다.

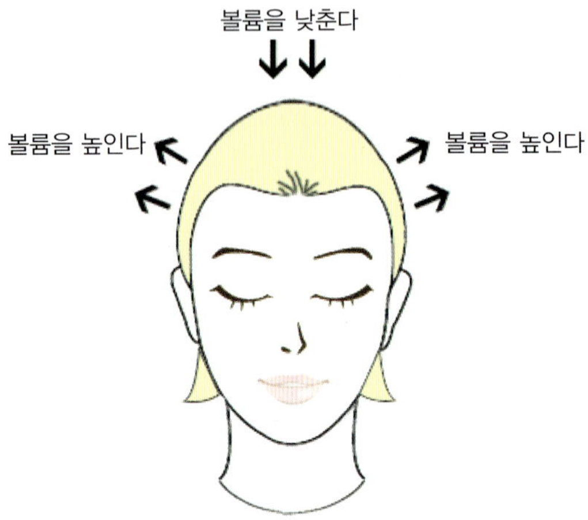

⑶ 뒤통수가 납작한 형

뒤통수는 웨이브를 강하게 하여 볼륨감을 살려주고 그 외에는 뒤통수의 웨이브 볼륨보다 약하게 적당한 볼륨을 살려준다.

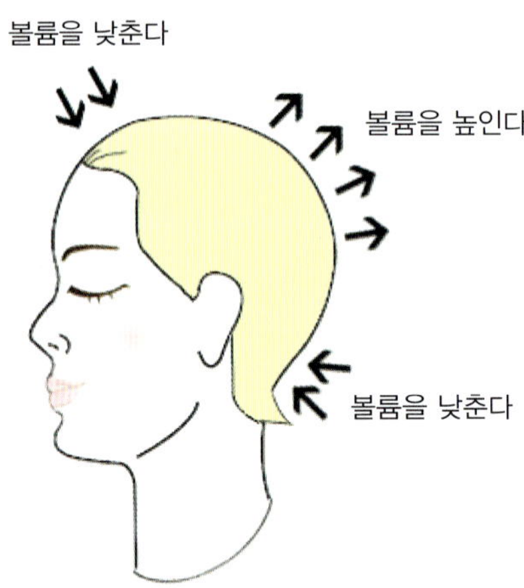

5. 목의 형태에 따른 디자인 제안

⑴ 통통하고 짧은 목을 가진 경우

목덜미 부분에 볼륨감이 형성되지 않도록 목 위쪽으로 스타일을 연출하면 목이 길어 보이는 효과가 있다.

⑵ 가늘고 긴 목을 가진 경우

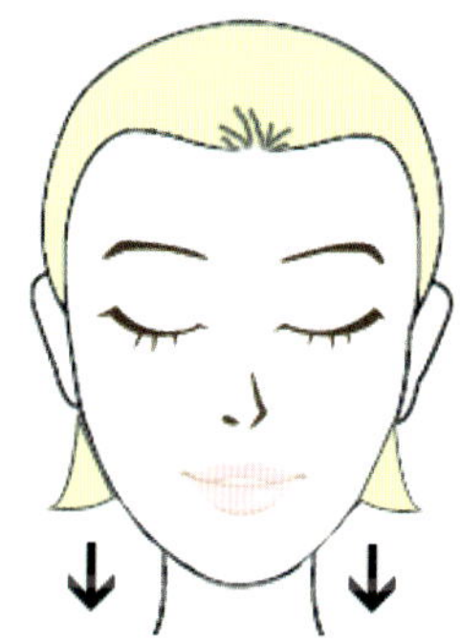

부드러운 웨이브를 형성하여 볼륨감을 주어 가늘어 보이는 목을 볼륨감 있게 연출한다.

⑶ 굵고 살찐 목을 가진 경우

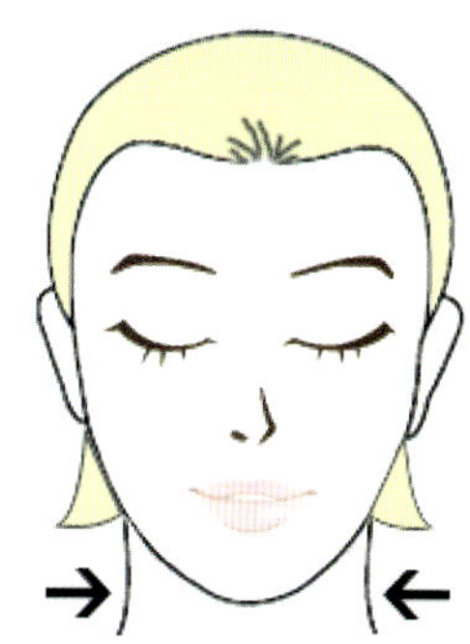

층이 없는 수평선의 무게감 있는 웨이브 스타일은 피하는게 좋다.

6. 웨이브 길이에 따른 종류

헤어스타일은 의복과 함께 사람의 외형을 좌우하는 요소이며 성격, 연령, 사회적 지위, 그 시대의 문화와 사상, 인간의 심리를 반영한다. 헤어스타일의 종류 중 헤어 웨이브는 물결과 주름처럼 구부러진 곱슬곱슬한 형태를 의미하며 두발의 길이, 각도와 방향, 텐션, 와인딩 기구 등에 따라 달라지고 두발의 길이 변화에 따라 이미지에 차이를 보인다.

웨이브 길이에 따른 종류는 짧은 길이, 중간 길이, 긴 길이로 나눌 수 있다.

(1) 짧은 길이

짧은 길이의 헤어스타일은 귀가 보이거나 약간 덮는 길이를 말하며 도시적이고 세련된 느낌을 주고, 두발 끝을 안, 밖으로 말아 변화를 줄 수 있다. 층을 가볍게 내어 웨이브를 주면 얼굴형이 입체적으로 보일 수 있으며 앞머리 연출로 어려보이는 효과를 낼 수 있다.[22] 또한 사선 느낌의 비 대칭 앞머리는 사각형의 얼굴형과 둥근 얼굴형을 샤프한 이미지로 변신시킬 수 있다.

짧은 헤어스타일에서는 펌의 모류 방향성이 중요하며 인컬(In curl), 아웃컬(Out curl), 굵은 웨이브, 중간 웨이브, 가는 웨이브 등 다양한 시술이 가능하다.

(2) 중간 길이

중간 길이 헤어스타일은 어깨보다 길이가 짧은 헤어스타일로 중간 길이의 웨이브는 세련되고 도시적인 느낌을 준다. 사각형, 역삼각형, 마름모 얼굴형의 단점을 보완할 수 있고, 어깨선 길이의 자연스러운 C컬은 귀여움과 사랑스러움을 표현할 수 있다. 중간 길이에서도 인컬(In curl), 아웃컬(Out curl), 굵은 웨이브, 중간 웨이브, 가는 웨이브 등 다양한 시술이 가능하다.[23]

(3) 긴 길이

긴 길이의 헤어스타일은 어깨보다 긴 헤어스타일로 여성적이고 로맨틱한 느낌을 주며 모든 얼굴형에 잘 어울리는 스타일이다. 커트의 모양과 컬이 시작되는 위치에 따라 얼굴형의 단점을 보완할 수 있으며 아이론 펌(Iron Perm) 등으로 모근 쪽의 볼륨감을 주어 긴 머리에서 얻기 힘든 볼륨을 얻을 수도 있다. 긴 길이에서도 인컬(In curl), 아웃컬(Out curl), 굵은 웨이브, 중간 웨이브, 가는 웨이브 등 다양한 시술이 가능하다. 긴 길이에서의 헤어스타일은 오래전 물리적·화학적인 작업에 의한 손상도가 있는지 시술 전에 모발진단을 정확하게 하여야 한다.[24)]

7. 모발 상태에 따른 전처리

전처리란 환원제(1제)를 도포하기 전 모발 상태를 진단하여 모발 손상을 방지하고 균일한 웨이브를 형성하기 위해 시행하는 특수한 처리과정을 말한다. 모발 내에 간층 물질을 보충하여 큐티클과 모피질을 연결하므로 손상된 모발에도 화학적 시술의 효과를 균일하게 작용시켜 웨이브 형성을 용이하게 하고 형태적으로 지속력을 보완할 목적으로 사용한다. 전처리는 모발손상 정도에 따라 처치 방법을 달리해야 한다.

표 2-6 모발 상태에 따른 전처리 방법[25)]

모발상태	전처리 방법
건조한 모발/ 염색모발	• 건조해진 부분과 손상된 부분에 헤어트리트먼트 크림을 도포하고 가볍게 마사지한 후 스티머, 히팅 캡, 적외선 등으로 열처리를 함
열모/정모/ 다공성 모발	• PPT 용액을 손상된 부분에 흡수시키고 건조를 막기 위해 헤어 트리트먼트 크림을 도포하고 스티머, 히팅 캡, 적외선 등으로 열처리를 함
저항성 모발/ 발수성 모발/ 경모/ 자연모	• 특수 활성화제나 1제를 모발에 도포하고 가온처리 후 가볍게 세척함

8. 모질에 따른 펌제 선택

퍼머넌트 웨이브의 제1제(환원제)는 크게 티오글리콜산 암모늄인(티오계), 시스테인(시스계), 화장품 등록인 셀파이드계로 구분된다. 티오계는 강한 웨이브를 형성하지만 휘발성이므로 모발에 알칼리 잔류도가 적으며 시스계는 웨이브 형성이 약하고 자연스러운 반면 불 휘발성이므로 모발의 알칼리 잔류도가 티오계에 비해 많다. 따라서 퍼머넌트 웨이브제의 특성을 이해하고 모질에 따라 구분하여 사용한다.

표 2-7 모질에 따른 퍼머넌트 웨이브제의 선택[26)]

약제	모질상태	퍼머넌트 웨이브 약제 선택
티오계	자연모발, 경모, 발수성모발	pH 9.0~9.6의 치오글리콜산암모늄을 성분으로 하는 약제 사용
	보통모발	pH 7.5~9.0의 치오글리콜산암모늄을 성분으로 하는 약제 사용
시스계	흡수성 모발, 손상모발, 염색모발	시스테인을 주성분으로 하는 약제 사용
셀파이드계	극손상 모발	환원력이 약하므로 모발의 손상도 적음

9. 와인딩 종류

와인딩은 크게 크로키놀식과 스파이럴식이 있으며 크로키놀식은 가로말기, 사선말기, 수직말기가 있고, 스파이럴식은 트위스트, 백 트위스트, 기본 스파이럴 와인딩이 있다.

(1) 크로키놀식 와인딩

크로키놀식 와인딩은 모발 끝에서부터 모근방향으로 와인딩이 되기 때문에 모근 쪽으로 갈수록 웨이브의 형태가 굵게 형성되므로 짧은 모발에 효과적이다.

벽돌쌓기 와인딩

사선말기 와인딩

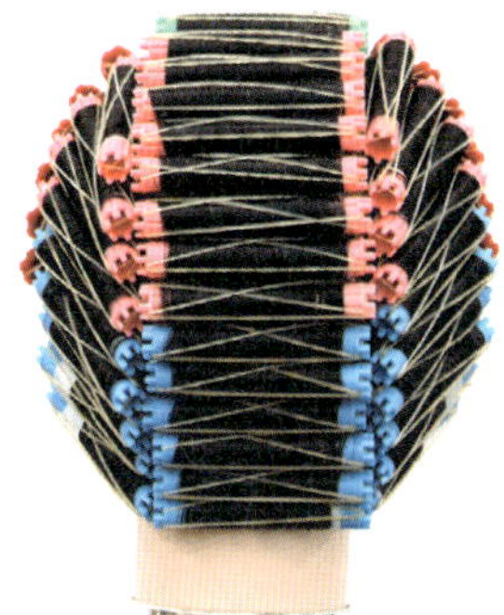
기본 가로말기 와인딩

수직말기 와인딩

인덴테이션 와인딩

홉스카치(혼합) 와인딩

업 프로젝션 와인딩

수평 프로젝션 와인딩

다운 프로젝션 와인딩

(2) 스파이럴식 와인딩

스파이럴식 와인딩은 모근에서 또는 모선에서 와인딩을 시작하지만 모발이 로드에 겹쳐지지 않으므로 모근에서부터 모선까지 균일한 웨이브를 형성할 수 있다. 따라서 모발의 길이에 따라 적정한 와인딩 방법을 선택해야 원하는 결과를 얻을 수 있다.

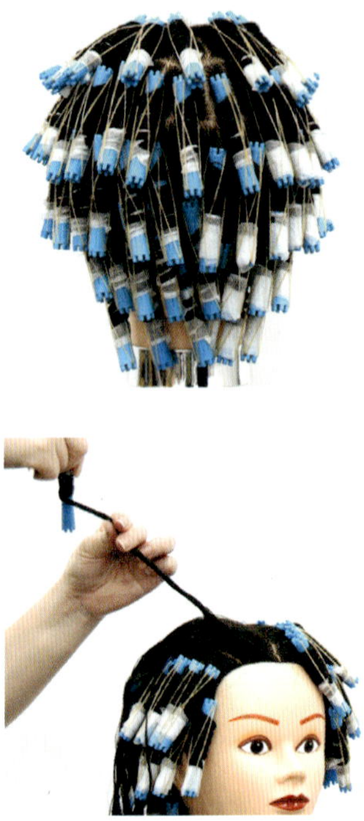
백 트위스트 와인딩

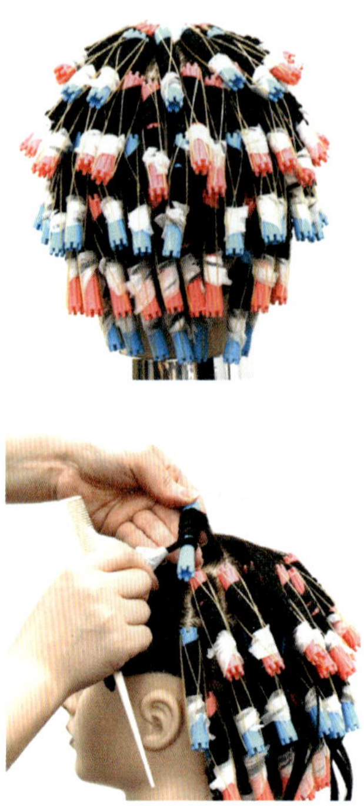
트위스트 와인딩

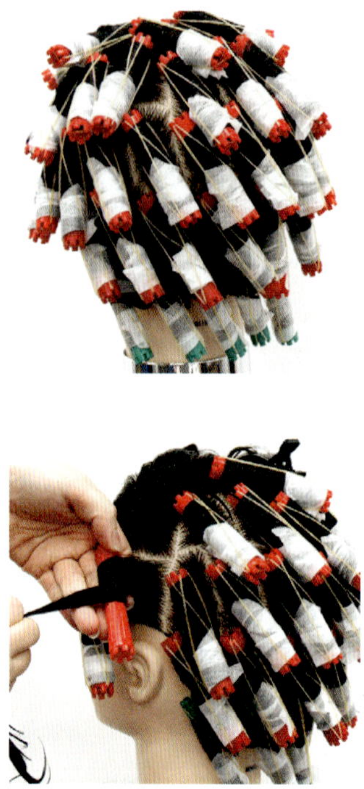
기본 스파이럴 와인딩

10. 퍼머넌트 웨이브 시술과정

(1) 콜드 퍼머넌트 웨이브

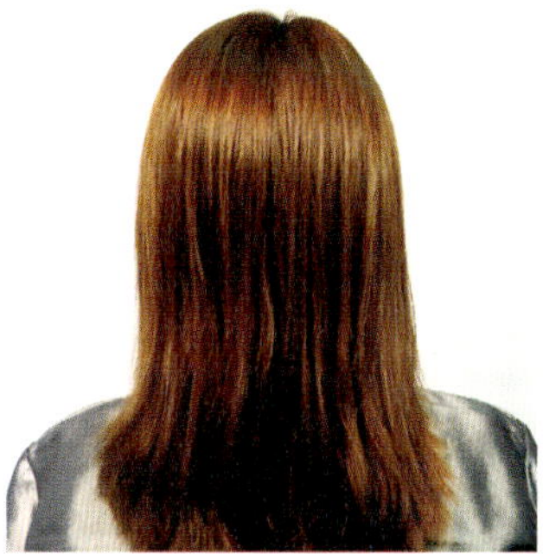

① 모발 및 두피 진단

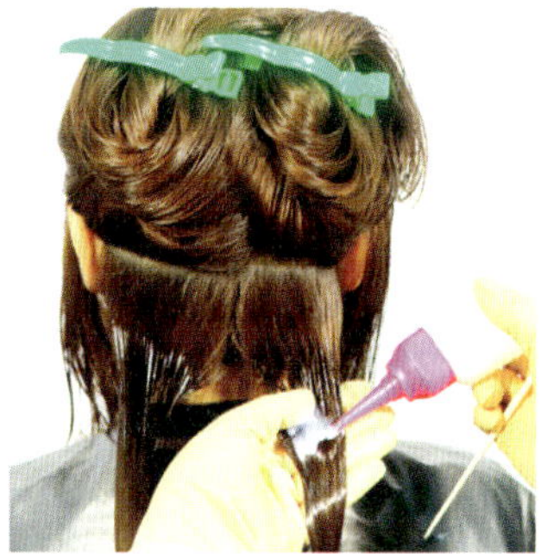

② 제1제(환원제) 도포 (손상도에 따라 전처리제 도포 후)

③ 디자인에 따른 와인딩

④ ·헤어밴드 착용
·제1제(환원제) 도포 한 후 스틱 꽂기

⑤ 비닐캡 씌우기

⑥ 가온처리 (모발 손상정도에 따라 유무)

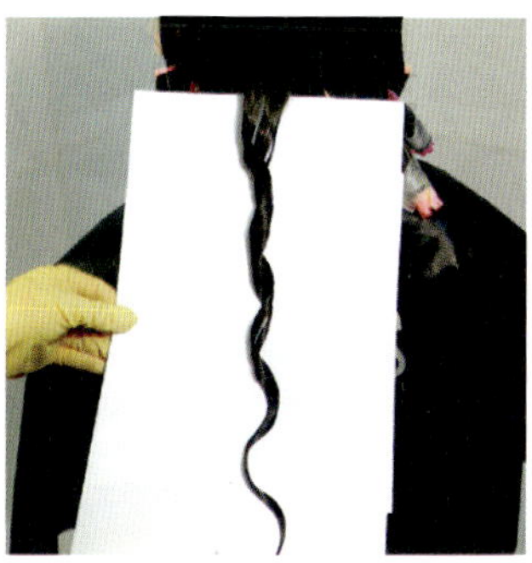

⑦ 방치시간 완료 후 테스트 컬

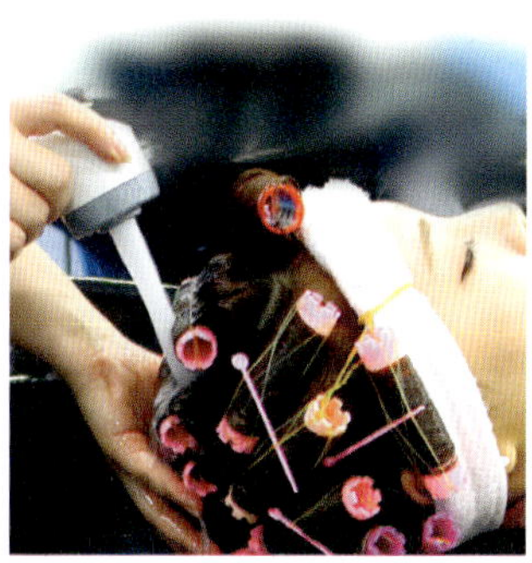

⑧ 중간린스 (손상모일수록 중간린스 필수)

⑨ 모발의 물기 제거 후 제2제(산화제) 도포

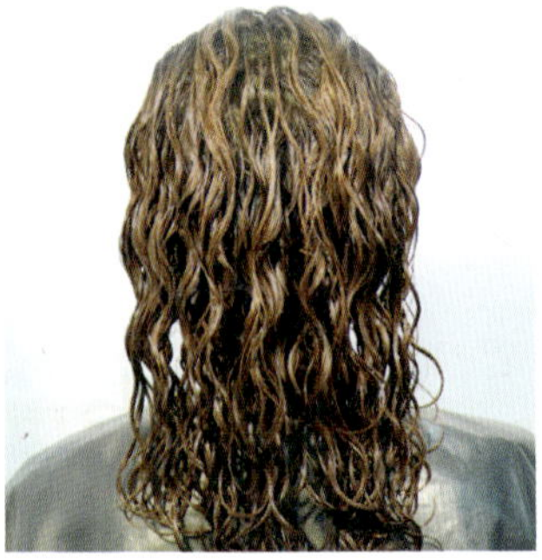

⑩ 로드 아웃

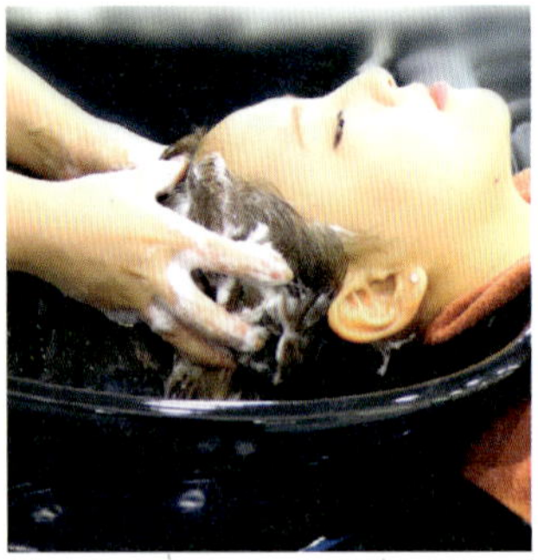

⑪ 산성 샴푸 & 린스

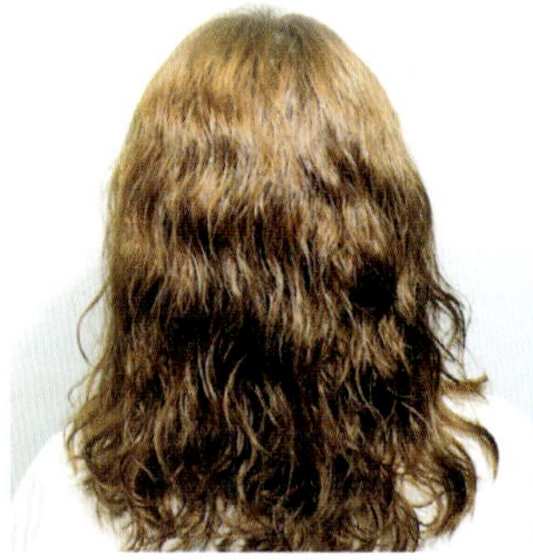

⑫ 스타일링제품 도포 후 마무리

(2) 열 퍼머넌트 웨이브

① 두피 및 모발 진단

② 제1제(환원제) 도포 (손상정도에 따라 전처리제 도포)

③ 가온처리 (모발 손상정도에 따라 유무)

④ 연화테스트

⑤ 제1제(환원제) 헹구기

⑥ 수분조절

⑦ 디자인에 따른 와인딩

⑧ 열처리 (손상정도에 따라 타임 조절)

⑨ 제2제(산화제) 도포 전 로드나 핀컬핀으로 웨이브 형태 고정

⑩ 제2제(산화제) 도포 (모발이 긴 경우 로드 안쪽까지 꼼꼼하게 도포함)

⑪ 로드 아웃 후

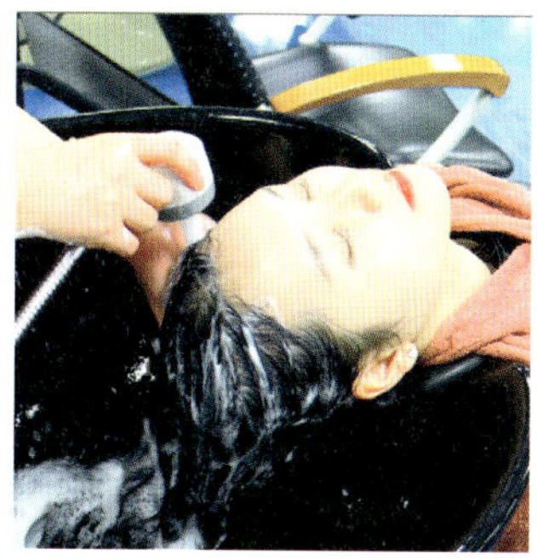

⑫ 산성샴푸 & 린스

⑬ 스타일링제품 도포 후 마무리

11. 퍼머넌트 웨이브에 미치는 요인

(1) 모발 진단

모발 진단은 시진, 문진, 촉진을 통해 고객의 모발 상태를 파악한다. 모발 진단은 웨이브 형성 시 중요한 요소 중에 하나로 그동안 고객이 화학적 시술을 얼마나 했는지 손상도는 어느 정도인지 판단하는 것이 중요하다. 또한 탈색을 시술하였다면 원하는 웨이브의 결과를 얻기 힘들기 때문에 추후 일어날 수 있는 결과에 대해 충분히 상담을 진행해야 한다.

모질이 축모, 파상모, 직모인지를 진단하고 파상모일 경우 펌이 잘 형성되므로 로드 호수를 한 단계 큰 호수로 선택하고, 직모이거나 모질이 얇은 경우는 로드의 호수를 한 단계 정도 작은 호수로 선택해야 원하는 웨이브 결과를 얻을 수 있다.

또한 모발의 숱이 적고 많음에 따라 웨이브의 형태와 부피감이 다르게 형성된다.

모발 진단은 건조된 상태에서 육안으로 보는 것 보다는 샴푸 직후에 모발을 진단해야 정확한 진단을 할 수 있다.

(2) 펌제 선택

모질 상태에 따라서 펌제를 잘 선택해야 하며 발수성모발인지 흡수성모발인지 또는 손상도가 있는 모발인지 진단하여 그에 따른 펌제를 선택해서 시술해야 손상도를 줄일 수 있으며 원하는 결과를 얻을 수 있다. 발수성모나 보통모발은 치오계의 펌제를 선택하여 시술하고 손상모일 경우에는 시스테인을 주성분으로 하는 약제를 사용한다.

(3) 모질에 따른 C컬 회전 수

고객이 원하는 웨이브의 굵기와 컬의 형성도를 만족시키기 위해서는 모질파악에 따른 회전수를 계산하여 와인딩을 해야한다. 모질은 크게 발수성모, 직모, 다공성모, 곱슬모 등으로 구분되며 보통모라 할 때 1.5회전 와인딩하여 탄력있는 C컬이 형성되었다고 가정하였을 경우 다른 모질이 보통모와 비슷한 C컬을 얻기 위해 아래와 같이 회전수를 계산하여 와인딩을 한다.[27)]

표 2-8 모질에 따른 회전수

항목	모질에 따른 회전 수	분석
발수성모	4.75~2회전	발수성 모발은 웨이브의 형성이 늦어 회전수를 조금 더 회전함
직모	1.5~1.75회전	모발이 뻗는 성질이 있으므로 조금 더 회전함
다공성모	1.25~1.5회전	손상모는 로드만큼 웨이브가 잘 형성됨
곱슬모	1~1.25회전	곱슬모발의 휘어지는 특성으로 인해 회전수가 적어도 동일하게 웨이브가 형성됨

표 2-9 로드 회전수에 따른 웨이브

<table>
<tr><td colspan="3">로드의 둘레 = 로드지름 × 3.14
1cm × 3.14 = 3.14cm
C컬 = 3.14cm × 1바퀴 = 3.14cm
S컬 = 3.14cm × 2바퀴 = 6.28cm</td></tr>
<tr><td></td><td>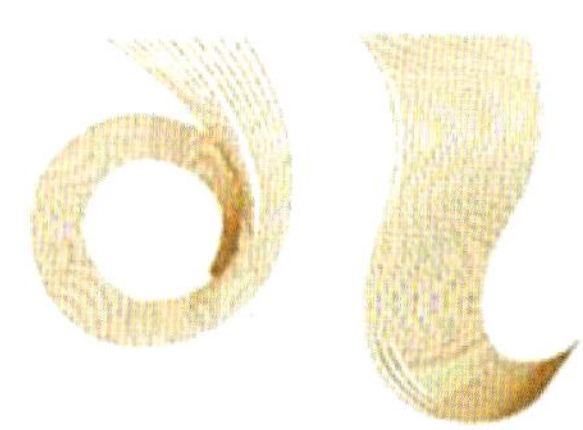</td><td>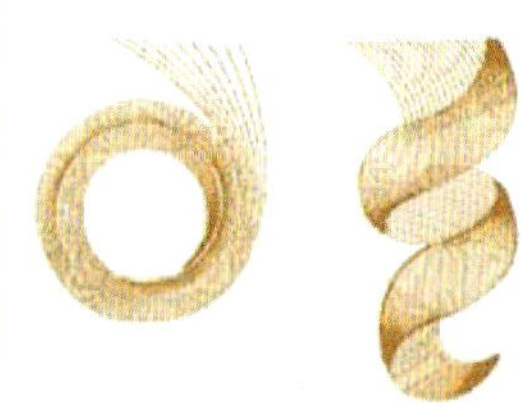</td></tr>
<tr><td>1회전 이하</td><td>1/2 회전~2회전</td><td>2회전 이상</td></tr>
</table>

(4) 텐션

모발을 너무 팽팽하게 잡아 당겨서 와인딩을 하면 모발 손상을 초래하거나 웨이브 형성에 장애가 될 수 있으며, 텐션이 고르지 않을 경우 약제가 골고루 도포되지 않아 균일한 웨이브 형성이 어려우므로 주의해야 한다. 텐션은 동일한 힘을 주고 와인딩하는 것으로 얼만큼 힘을 가하느냐에 따라 웨이브 형성도가 다르게 나타난다.

표 2-10 모질 상태에 따른 텐션

모질분류	모질 상태에 따른 텐션의 힘
건강모발	강한 텐션을 유지하며 와인딩함
염색모발	중간 정도의 텐션으로 와인딩함
손상모발	약한 정도의 텐션으로 와인딩함
극손상모발	당기는 힘이 전혀 없는 상태의 텐션으로 와인딩함

(5) 섹션과 블로킹

섹션은 와인딩을 위해 형태에 따라 구획을 나누는 것으로 펌 디자인에 따라 로드의 크기와 종류가 결정되며 섹션의 크기는 로드의 크기, 모발의 질, 모발의 밀도에 따라 달라질 수 있다.

표 2-11 섹션과 웨이브의 형태

섹션	웨이브의 형태	
수평섹션 (horizontal section)	웨이브의 좌 · 우 볼륨감과 부피감이 많고 기장이 짧아보임	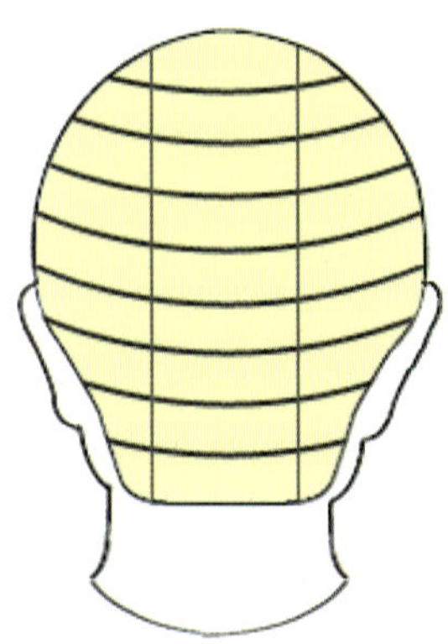

섹션	웨이브의 형태	
사선섹션(후대각) (diagonal section)	모류의 방향과 웨이브의 방향성이 포워드이며 기장이 길어 보임	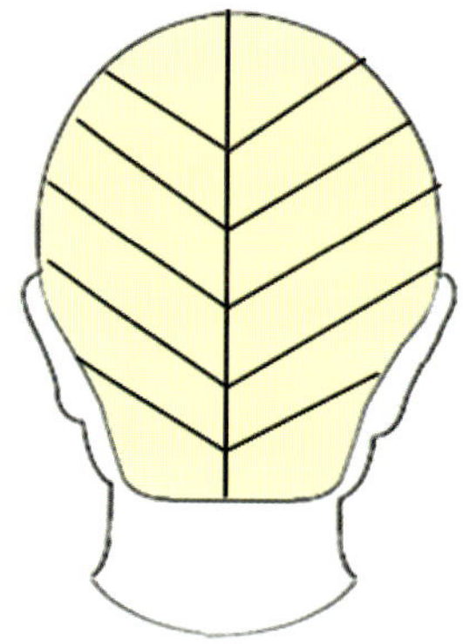
사선섹션(전대각) (diagonal section)	모류의 방향과 웨이브의 방향성이 리버스이며 안정감을 줌	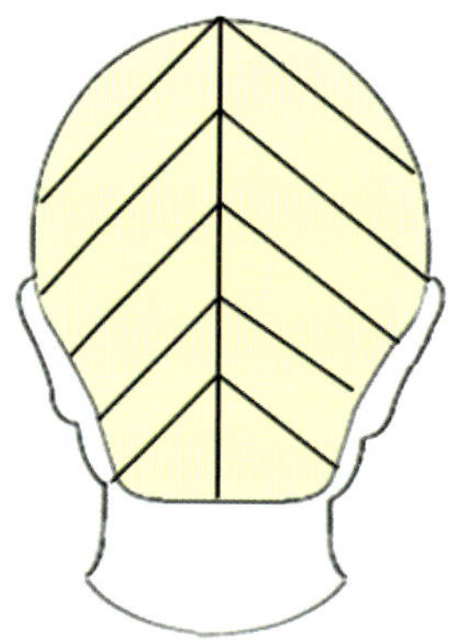
수직섹션 (vertical section)	모류의 방향이 포워드, 리버스 양방향으로 움직이고 볼륨감이 적고 기장이 길어보임	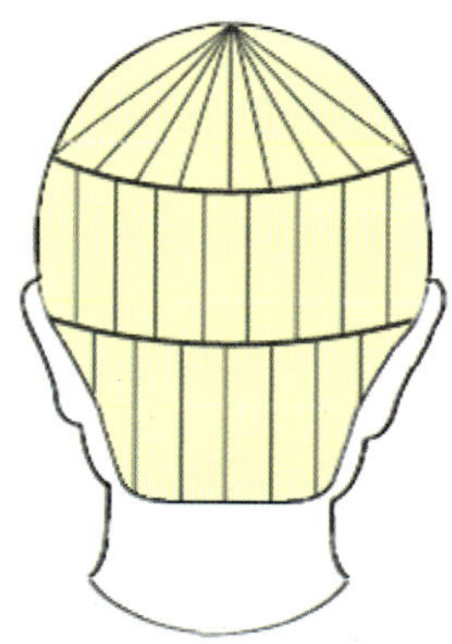

블로킹이란 와인딩을 하기 위해 일정한 크기로 모발을 블록으로 분할하는 것을 말하며, 디자인 펌을 할 경우에는 멀티 블로킹이나 블로킹 없이 시술하는 경우가 많다.

(6) 빗질과 시술각도

정확한 빗질과 시술각도는 웨이브의 탄력과 볼륨을 형성하는데 좌우된다고 할 수 있다. 탑 부분은 120°패널(panel)을 잡고 모근부터 모류가 구겨지지 않게 세워서 빗질하고 백부분은 90°, 네이프는 45°로 다운시켜 빗질하여 와인딩한다.

네이프에서 각도를 지나치게 들면 볼륨이 살아 부자연스러울 수 있으며, 탑 부분에서 각도를 지나치게 들어서 와인딩할 경우 모근 부분의 모발이 눌림 현상이 생길 수 있으므로 주의한다.

표 2-12 시술각도

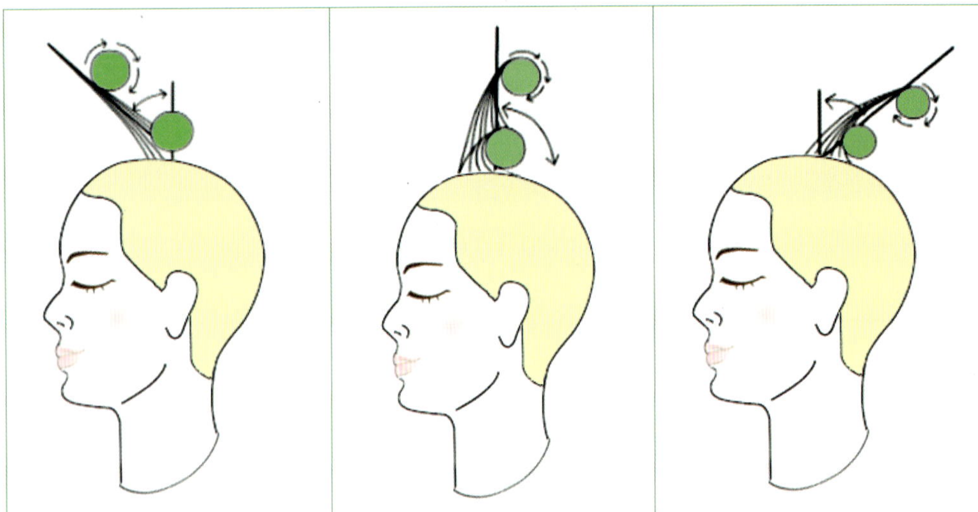

120°	90°	45°

(7) 슬라이스 두께

퍼머넌트 웨이브 시술 시 슬라이스 넓이는 로드의 지름과 같은 넓이로 하지만 디자인이나 길이에 따라 달라질 수 있다. 슬라이스 두께는 1배, 1.5배, 2배, 2배 이상에 따라 양감형성이 다르게 나타나며, 섹션의 넓이가 로드의 길이보다 넓을 경우 로드 양끝 부분에 와인딩 된 모발의 웨이브가 느슨해져 일정한 웨이브 형성을 기대하기가 어려울 수 있다.

표 2-13 모질 상태에 따른 슬라이스 두께

슬라이스의 두께	모질 상태
1배	모발이 가늘고 머리숱이 적은 모량 시술 시
1.5배	모발이 보통이며 머리숱이 적은 모량 시술 시
2배	모발이 굵고 곱슬기가 있으며 머리숱이 많은 모발 시술 시
2.5배	모발의 숱이 많고 극 손상모발 시술 시

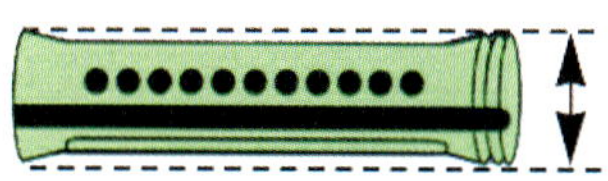	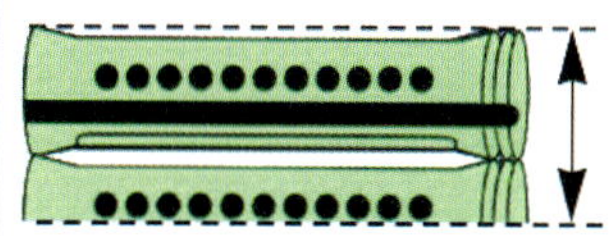	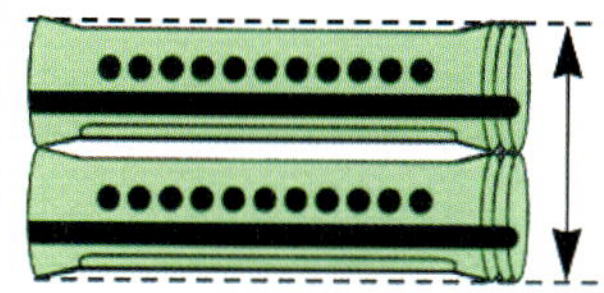
1직경 베이스 (로드 지름 + 로드길이)	1.5직경 베이스 (로드1개 지름 + 반지름)	2직경 베이스 (로드 2개 직경)

(8) 엔드 페이퍼 처리방법

페이퍼 처리방법에는 단면 페이퍼(End paper), 양면 페이퍼(Double paper), 겹 페이퍼(Book end paper)가 있으며 모발상황에 따라 선택하여 사용한다. 예를 들면 모선의 모량이 적을 경우, 지나치게 모발이 손상되었을 경우에는 양면 페이퍼를 사용하고 섹션의 폭이 좁고 양면 페이퍼 효과를 보고자 할 때에는 겹 페이퍼를 사용한다. 가장 기본이 되고 많이 사용하는 방법은 단면 페이퍼이다.

표 2-14 엔드 페이퍼 처리방법

단면 페이퍼(1장 사용)	양면 페이퍼(2장 사용)	겹 페이퍼 (반으로 접어서 사용)

(9) 밴딩처리 방법

고무밴딩은 두피에 로드를 고정하기 위해 사용하는 것이다. 너무 강하게 당긴다든지 두피 쪽에 바짝 붙여 고정시키게 되면 환원제로 인한 고무줄 부위가 팽윤되어 자국 및 모발이 끊어질 가능성이 있으므로 0.5cm 정도 여유를 두고 밴딩을 해야한다.

고무밴딩 처리 방법으로는 혼합(11자, X자)형, 엑스자형, 일자형이 있으며 샵에서는 보통 혼합형을 주로 사용한다.

표 2-15 밴딩처리 방법

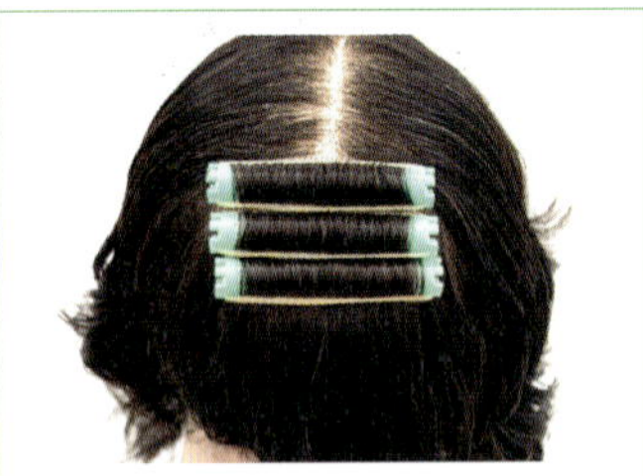	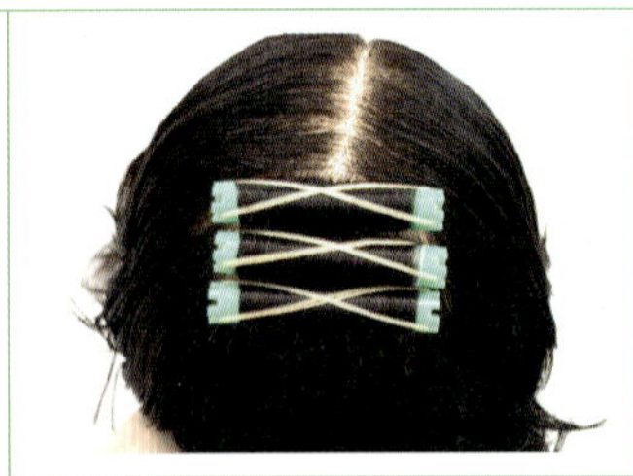	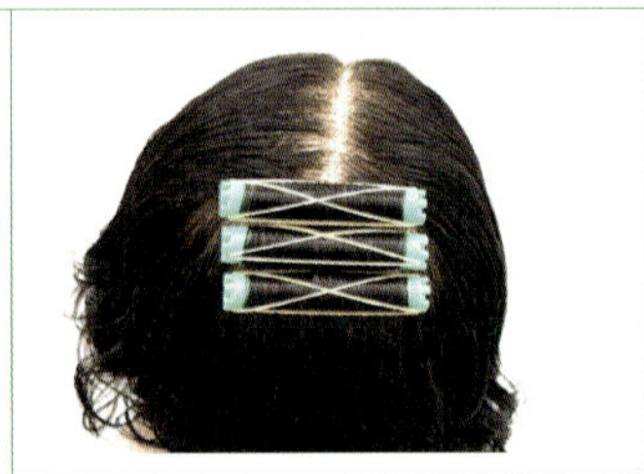
일자(−)형	엑스자(X)형	혼합(11자,X자)형

(10) 시술속도

퍼머넌트 와인딩 시술 시 일정한 웨이브 형성을 얻기 위해서는 빠른 속도로 시술을 해야 한다. 특히 손상모일수록 제1제(환원제)의 작용이 빠르기 때문에 늦어질 경우 균일한 컬을 형성하기 어려우며 손상도 심해진다. 극손상모일 경우에는 워터 와인딩을 먼저하고 그 후 약액을 도포하는 것이 바람직하다.

(11) 와인딩 방법 및 로드의 방향

와인딩 방법에는 크게 크로키놀식 와인딩과 스파이럴식 와인딩으로 나눌 수 있으며, 웨이브의 방향감은 얼굴을 감싸는 웨이브 형태인 포워드 또는 얼굴형을 드러내주는 리버스 방향으로 와인딩을 할 수 있다. 얼굴형태에 따라 웨이브의 방향감도 중요한 역할을 한다고 할 수 있다.

표 2-16 와인딩 방법 및 로드의 방향

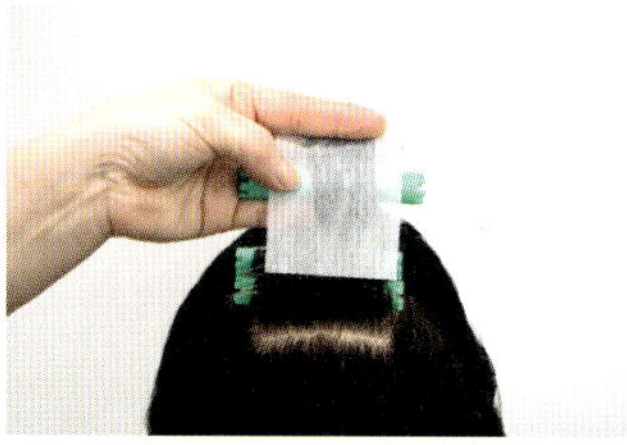	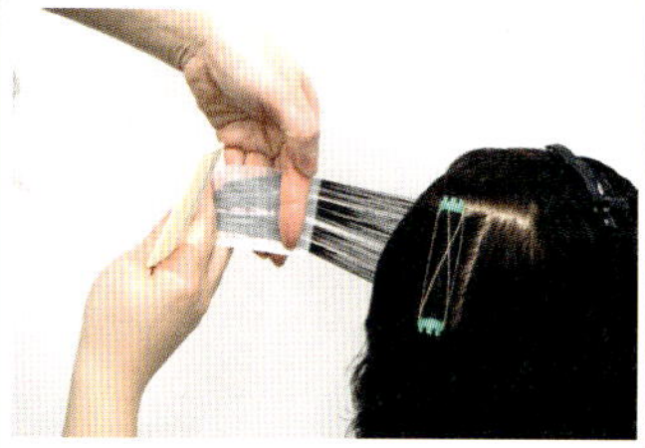	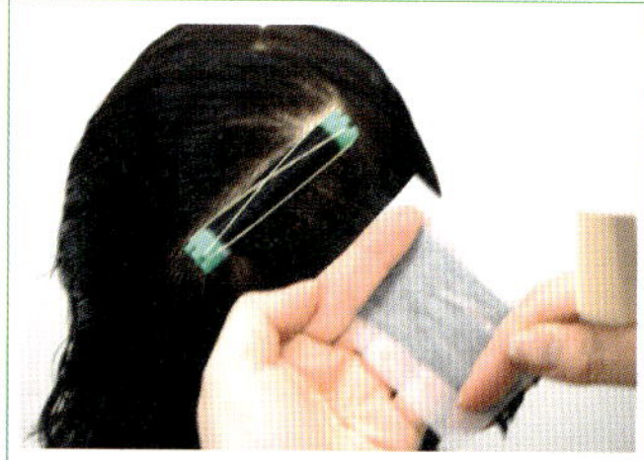
수평(horizontal) 와인딩	수직(vertical) 와인딩	사선(diagonal) 와인딩
	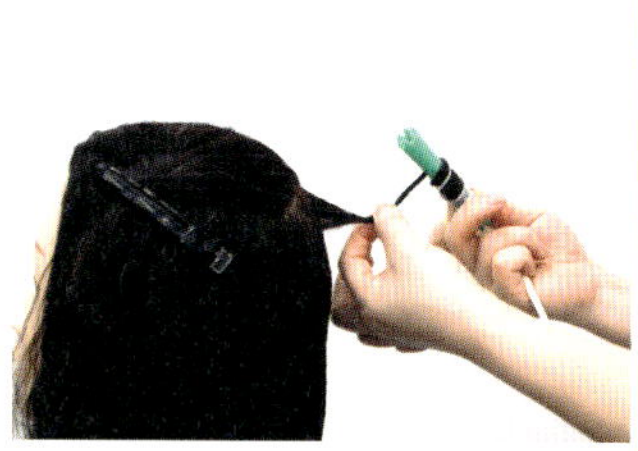	
모근에서 모발 끝으로 스파이럴 와인딩 (base to end)	모발 끝에서 모근으로 스파이럴 와인딩 (end to base)	

(12) 모발의 종류에 따른 가온과 자연방치

콜드 퍼머넌트 웨이브의 경우 탄력있고 균일한 웨이브를 얻기 위해 환원제의 방치시간이 중요하며, 와인딩이 끝나고 모발에 환원제를 도포하는 순간부터 모발의 상태나 환원제 종류, 로드 선정, 실내온도, 두피의 온도에 따라 방치시간을 달리해야 한다.

오버 프로세싱(over processing)은 모발을 건조하게 하며 심한 손상을 야기시키며, 언더 프로세싱(under processing)은 작용시간이 너무 짧아 컬이 약하고 탄력이 없으므로 실내온도와 비닐 캡의 온도에 주의하여 방치시간을 조절한다.

열 퍼머넌트 웨이브의 경우 사전연화 작업이 충분히 이루어지지 않으면 웨이브 시술 시 원하는 결과를 얻지 못하므로 사전 연화가 중요하다. 연화 후 가온을 할 경우에도 모발 상태에 따라 달리해야 하며 어느 정도 시간이 경과하면 수분이 95% 정도 건조된 후 뜸을 들인다.

표 2-17 열 퍼머넌트 웨이브 가온 및 방치시간

모발종류	연화	가온	자연방치
극손상모	5~10분	5~8분(85℃ 이하)	8~10분
손상모	10~15분	10분(85℃)	10~15분
건강모	15~20분	10분(100℃)	10~20분

표 2-18 콜드 퍼머넌트 웨이브 방치시간

모발 상태	방치시간
극손상모	8~13분 ±α
염색모	15~20분 ±α
건강모/저항모	20~25분 ±α

12. 퍼머넌트 웨이브 시술 시 주의사항

(1) 콜드 퍼머넌트 웨이브

① 모발 손상정도에 따른 알맞은 환원제를 선택해야 하며 손상모, 염색모, 다공성 모발은 퍼머넌트 시술 시간도 짧게 해야 한다.

② 두피에 염증이나 이상성 질환이 있는지 살피고 건강한 두피일 때 시술을 한다.

③ 시술 전 스타일링제품이나 오일 성분이 모발에 잔류해 있으면 펌 작용을 저하시키므로 반드시 샴푸 후 시술한다.

④ 손상된 모발에는 사전처리를 하여 모발이 더 이상 손상되는 것을 예방한다.

⑤ 와인딩 시술 후 과도한 약액도포로 인해 로드의 밴드자국이 나지 않도록 주의한다.

⑥ 과도한 텐션으로 인해 모발이 손상되지 않도록 한다.
⑦ 손상모발일수록 오버타임이 걸리지 않도록 주의한다.
⑧ 1액을 도포할 때 건조한 모발상태에서 도포하지 않도록 한다.
⑨ 약액이 두피 가까이에 도포되면 모근 눌림현상과 두피에 약액이 묻어 염증과 두피 각질을 일으킬 수 있으므로 주의한다.

(2) 열 퍼머넌트 웨이브

① 모발 손상정도에 따라 적정한 온도로 시술한다.
(건강모 : 130~150℃, 손상모 : 80~100℃)
② 모발에 가해지는 온도는 아이론 기구에 설정된 온도가 일정하다 해도 모발과의 접촉시간이 짧으면 모발에 가해지는 온도가 낮아지므로 적정한 시술속도를 유지한다.
③ 텐션을 너무 가하면 모발이 손상되며 컬도 약해진다.
④ 매직스트레이트, 아이론, 볼륨매직은 슬라이스 폭을 얇게 하는 것이 좋다. 섹션의 폭이 두꺼우면 일정한 온도가 모발에 골고루 가해지지 않는다.
⑤ 아이론 시술 시 두피에 닿지 않도록 주의한다.
⑥ 아이론의 기본 기술을 완전히 습득한 후에 시술을 한다.
⑦ 디지털과 셋팅 퍼머는 열처리 후 수분을 잘 제거해야 탄력있는 웨이브를 형성할 수 있다.
⑧ 연화를 할 때 오버타임이 걸리지 않도록 주의한다.
⑨ 연화디임은 건강모, 손상모가 같이 있을 경우 약액을 나눠서 도포하고 연화타임도 다르게 본다.
⑩ 연화가 끝난 후 연화테스트를 할 때 당겨서 1.5배가 늘어나거나 동그랗게 말아서 형태가 그대로 유지되면 연화가 잘 된 것이다.
⑪ 매직스트레이트, 아이론, 볼륨매직은 10% 내외로 건조시키고 셋팅과 디지털 펌은 20~30% 내외의 수분을 보유한 상태로 시술을 진행한다.

13. 펌제 도포방법

(1) 모발상태에 따른 환원제 도포방법

스트레이트 상태의 20cm 이상 긴 모발일 때 경모는 두피에서 1cm, 모선에서 2.5cm 정도 간격을 주고 환원제를 도포한다. 모선까지 웨이브가 도포되지 않을 경우 웨이브가 느슨해지거나 걸리지 않을 수 있으므로 환원제 도포 시 주의해야 한다.

펌제는 모발의 조건에 따른 웨이브 형성도가 다르게 나타나고 건강모, 손상모, 극 손상모 등 약액 도포 처리방법에 따라 웨이브 손상을 줄일 수 있다.

(2) 모질에 따른 시술 방법[28)]

① 건강모, 발수성모, 저항성모, 신생모일 경우

1제를 5~10분 정도 열처리를 한 후 헹구고 제1제(환원제)를 도포하고 와인딩하면 탄력있는 웨이브를 형성할 수 있다.

② 염색모일 경우

일반적으로 제1제(환원제)를 도포하고 와인딩한다.

③ 극손상모일 경우

극손상모일 경우에는 샴푸 후 타올로 물기를 제거한 다음 와인딩을 하고 나서 환원제를 도포하는 방법으로 시술을 하면 컬의 균일감과 손상을 줄일 수 있다. 긴 모발일 경우에는 환원제를 로드 안쪽까지 꼼꼼히 도포해주어야 한다는 단점이 있으므로 2회전 미만으로 와인딩되는 경우에만 적합하다.

(3) 모발조건에 따른 도포 방법

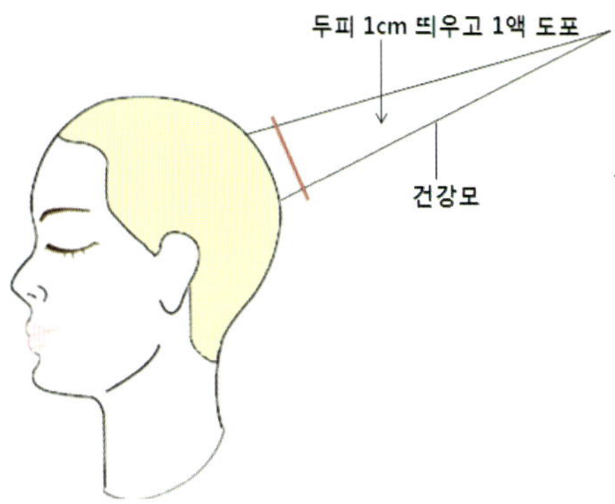

① 건강모일 경우

두피에서 1cm 띄우고 1액을 과잉 도포하지 않도록 주의한다.

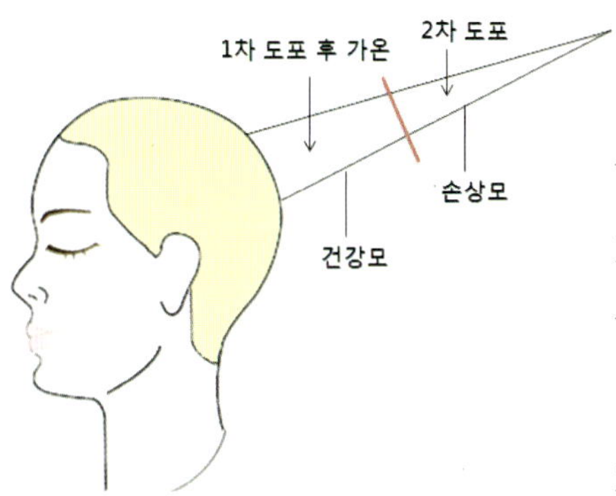

② 두피 부분만 신생모일 경우

1/2 정도의 모근 부분이 신생모이고 나머지 염색모일 경우 신생모 부분을 먼저 1차 연화한 이후 와인딩하면서 도포한다.

1차 연화과정을 통해 웨이브가 팽윤되어 모질의 조건을 비슷하게 한 다음 웨이브 시술을 하면 균일한 웨이브 형태를 형성할 수 있다.

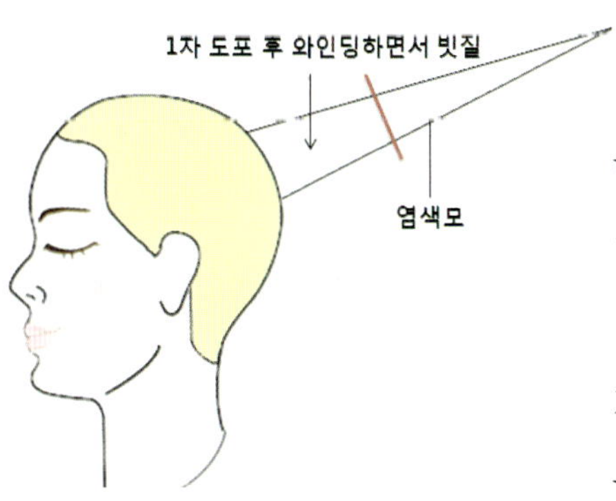

③ 전체 염색모일 경우

펌제 1액을 1/2 정도 모근 부위부터 적당히 도포한 후 와인딩을 하면서 빗질로 1액을 연결시킨다.

1액 과잉 도포로 인하여 모발이 빠르게 환원되므로 수분을 조절하여 시술하는 것이 좋다.

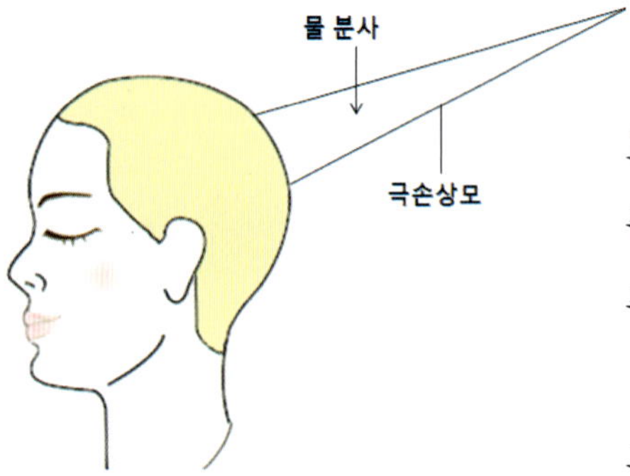

④ 극손상모일 경우

극손상모일수록 1제 환원제를 도포하면 모발 손상을 더 초래하므로 모발에 수분을 충분히 도포한 후 환원제의 작용시간을 늦추게 한다.

또는 워터 와인딩을 먼저 하고 환원제를 후에 도포하는 방법도 있다.

14. 헤어스타일링 제품 및 특징[29)]

헤어스타일 연출에 사용되는 제품은 크게 에센스, 스프레이, 젤, 왁스, 로션, 글레이즈 등으로 구분되며 제품유형에 따라 크림타입, 껌, 스틱, 액상타입, 스프레이타입, 오일 타입으로 분류할 수 있다.

헤어스타일의 목적에 따라 제품의 특징과 사용법을 고려하여 선택한다면 웨이브 결과를 좀 더 예쁘게 스타일링할 수 있으므로 고객에게 알맞은 제품을 제안한다.

표 2-13 헤어스타일링 제품의 특징

제품	특징
헤어로션	스타일링보다는 영양을 공급하는 효과를 가진 제품으로 스타일링 전처리에 사용되며 영양과 수분을 공급해줌
헤어왁스	자연스러운 헤어스타일링을 지속시키면서도 모발에 윤기와 광택을 부여하며, 수분증발을 억제함
글레이즈	젤보다는 세팅력이 약하므로 짧은 머리보다는 긴 머리에 윤기를 강조할 때 적합하며, 촉촉하게 보이려면 모발에 물기를 충분히 준 후 바르는 것이 좋음
젤	젤은 촉촉한 타입이지만 건조시키면 굳어서 강한 세팅력을 지니며, 물로 적시면 스타일링을 다시 할 수 있음. 모발에 촉촉한 광택과 힘을 주는 스타일링제품으로 젖은 모발이나 마른 모발, 펌 모발, 염색모발 등 모발의 상태와 상관없이 사용가능하며 깔끔하고 시원한 인상을 주고 싶을 때 사용함
스프레이	모발이 완전히 건조되고 희망하는 헤어스타일이 만들어진 후에 사용하며, 희망하는 고정력에 따라 하드타입과 소프트 타입을 선택하여 사용할 수 있고 액상타입과 가스타입이 있음
에센스	에센스는 셋팅력은 없지만 부스스한 모발에 윤기를 부여해주고 부드럽게 해줌

단원평가

1. 콜드 퍼머넌트 웨이브와 열 퍼머넌트 웨이브의 원리에 대해 쓰시오.

2. 제1제(환원제) 중 치오계열, 시스계열, 셀파이드계열의 모질상태에 따른 펌제를 쓰시오.

3. 과산화수소와 브롬산나트륨의 제2제(산화제)에 대해 쓰시오.

4. 산성, 중성, 알칼리 펌제의 pH를 쓰시오.

단원평가

5. 6가지 얼굴형에 어울리는 헤어스타일을 쓰시오.

6. 손상모인 다공성 모발에 대한 사전처리에 대해 쓰시오.

7. 콜드 퍼머넌트 웨이브 시술과정에 대해 쓰시오.

8. 열 퍼머넌트 웨이브 시술과정에 대해 쓰시오.

단원평가

9. 퍼머넌트 웨이브에 미치는 요인에 대해 쓰시오.

10. 전체 모발 길이에서 두피에서 8cm 정도는 건강모, 나머지는 손상모일 경우 펌제 도포 방법에 대해 쓰시오.

11. 헤어 스타일링제품에 따른 특징을 간략하게 쓰시오.

Chapter 3

2nd week 로드 호수에 따른 웨이브 형태와 길이 변화

1. 로드 호수에 따른 C컬 길이와 S컬의 길이 계산
2. 로드 호수에 따른 시술 사진
3. 로드 호수에 따른 시술 결과

학습내용(단원명)	수업 목표
로드 호수에 따른 웨이브 형태와 길이 변화	• 1호부터 10호까지 로드 크기에 따른 웨이브의 형태와 모발 길이 변화를 알 수 있다.

1. 로드 호수에 따른 C컬 길이와 S컬의 길이 계산

로드 호수	지름	원주율(3.14)	C컬(1.5)	S컬(2.5)
1				
2				
3				
4				
5				
6				
7				
8				
9				
10				

각 호수의 원주율 = 각 호수 지름 X 3.14
각 호수의 C컬 길이 = 각 호수 원주율 X 1.5
각 호수의 S컬 길이 = 각 호수의 원주율 X 2.5

2. 로드 호수에 따른 시술 사진

1호~10호까지 와인딩한 사진

1호~10호까지 로드 아웃한 사진

1호~10호까지 샴푸 직후 사진

· 사용한 펌제 :
· 모발의 길이 :
· 모량 :
· 방치시간 :

3. 로드 호수에 따른 시술 결과

1호	2호	3호	4호	5호

6호	7호	8호	9호	10호

3rd week 롤 헤어펌

1. 롤 헤어펌 준비하기
2. 롤 헤어펌 시술하기
3. 롤 헤어펌 마무리하기

학습내용(단원명)	수업 목표
롤 헤어펌	• 볼륨감 없는 직모의 모발을 롤로 말아 전체적으로 볼륨감을 주면서 부드러운 이미지로 디자인을 수행할 수 있다.

교과목명 〈코드〉	〈1201010121_19v5〉 롤 헤어펌
훈련목표	모발에 펌제를 도포하고 롤을 사용한 와인딩 기법으로 모발을 C컬의 형태로 만드는 능력을 함양
단원명 〈능력단위 요소명〉	훈련내용 (수행준거)
롤 헤어펌하기 〈1201010121 _19v5.1〉	1.1 모발길이에 맞는 굵기의 롤과 펌 도구 일체를 준비할 수 있다. 1.2 모발 유형에 따른 펌제를 도포하여 와인딩 할 수 있다. 1.3 와인딩된 롤 로드에 펌 1제를 도포할 수 있다. 1.4 웨이브 형성 촉진을 위해 가온기나 음이온기기 등을 사용할 수 있다. 1.5 처리 시간이 되면 중화제 처리를 할 수 있다.
롤 헤어펌 마무리하기 〈1201010121 _19v5.2〉	2.1 와인딩 된 롤을 오프 하여 마무리 세척을 할 수 있다. 2.2 모발에 남아있는 펌제를 깨끗하게 세척할 수 있다. 2.3 헤어스타일링 제품을 사용하여 마무리할 수 있다.
구분	주요내용
지식(K)	• 헤어 퍼머넌트 웨이브의 펌제 성분과 작용에 관한 지식 • 프레스 도구와 로드의 종류와 특징 및 사용법에 관한 지식 • 헤어 퍼머넌트 웨이브 사전 처리하는 방법에 관한 지식 • 피부보호제품의 성분과 사용법에 관한 지식
기술(S)	• 헤어 롤펌 와인딩 능력 • 펌제의 선정과 도포 능력 • 가온기 사용기술 • 헤어 롤을 고정하는 능력 • 헤어 롤을 오프하는 기술 • 헤어 롤펌 모발을 샴푸하는 능력 • 타월드라이 후 디자인에 맞는 모발건조 기술 • 헤어스타일 연출제품 사용기술
태도(A)	• 신속하고 정확하게 서비스하는 태도 • 고객 만족을 위해 노력하는 자세 • 고객의 불편을 수시로 확인하고 대처하는 자세 • 고객의 두피에 자극을 최소화하려는 자세 • 고객의 두피와 모발을 보호하려는 태도 • 제품의 정량사용으로 자원 낭비와 환경오염을 최소화하려는 노력

1. 롤 헤어펌 준비하기

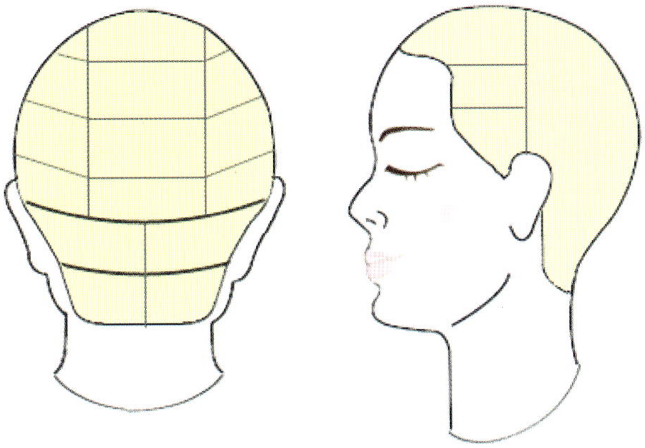

블로킹 및 섹션

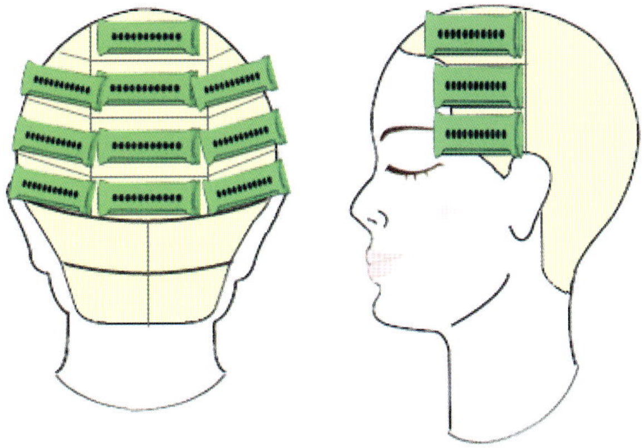

도해도

로드 및 도구

※ 모질의 상태에 따라 펌제 선택과 방치 시간은 조정되어야 함

모델 데이터	시술 내용
• 모델 나이 : 20대 초반 • 얼굴형태 : 둥근형 • 외형적 특징 : 키가 작고 통통한 체형 • 모발 길이 : 미디엄(22cm) • 모발 굵기 : 중간모 • 모량/질감 : 보통/ 무거움 • 모발의 형태 : 파상모 • 모발 손상 유무 : 적음 • 염색 및 웨이브 유무 : 없음	• 시술 약액 : 치오 • 로드 호수 : 롤 대, 중, 소 • 시술 시간 : 열처리 10분/자연방치 15분 • 와인딩 방법 : 크로키놀식 가로 말기 패턴
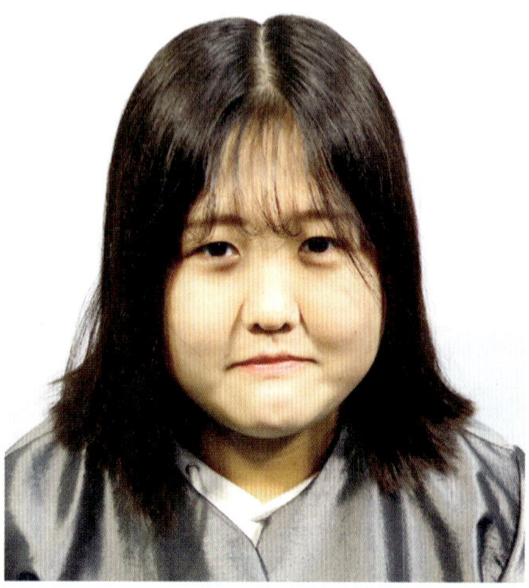	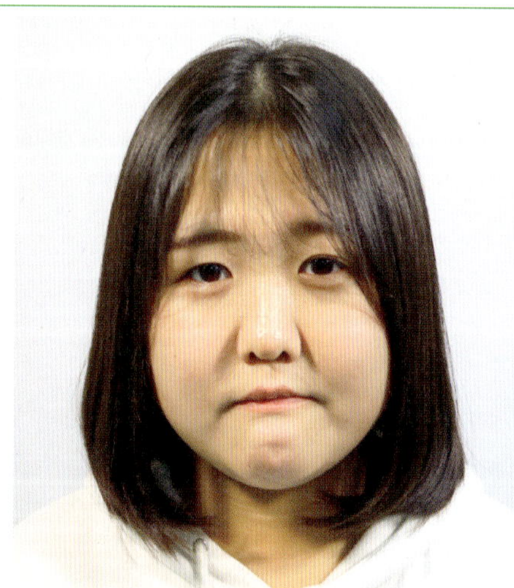
시술 전	시술 후

※ 모델에게 직접 시술 시 개인정보 수집 및 사전동의서, 미용 요금 상세주문내역서 P246 참고바람.

2. 롤 헤어펌 시술하기

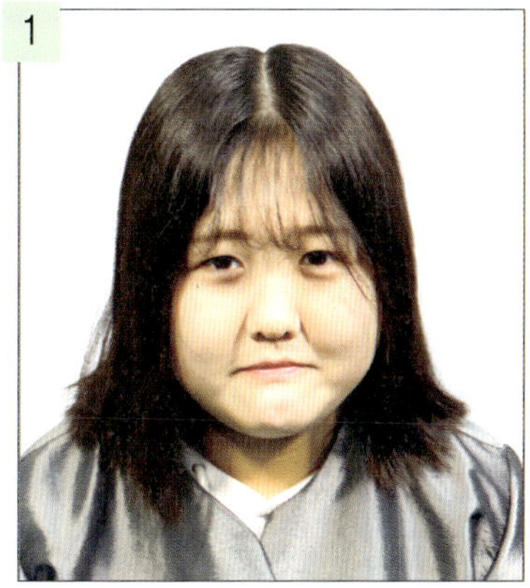
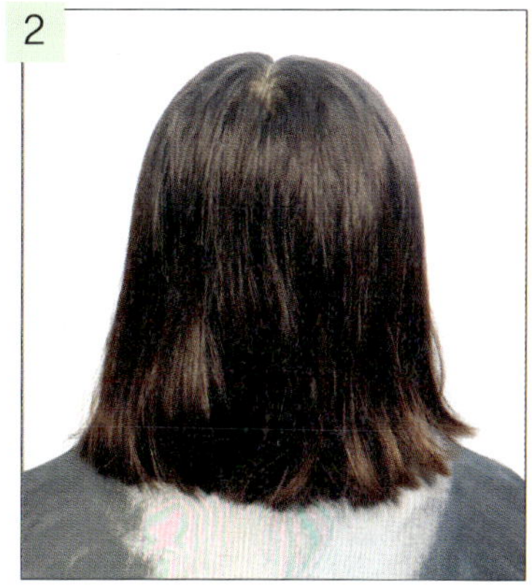
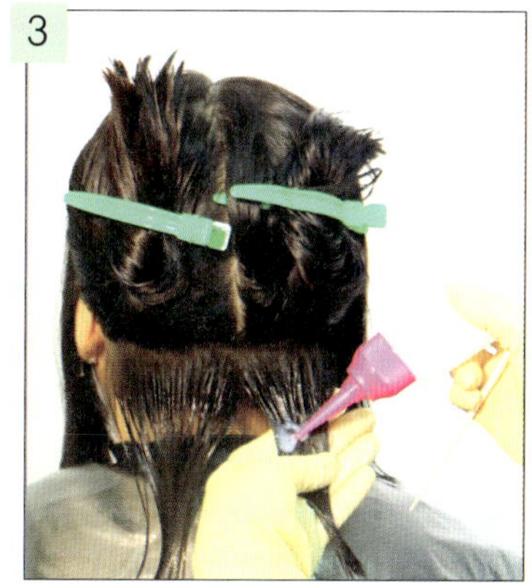

①~② 시술 전 헤어스타일
③~④ 치오 약액 도포(두피 가까이 약액이 닿지 않도록 주의)

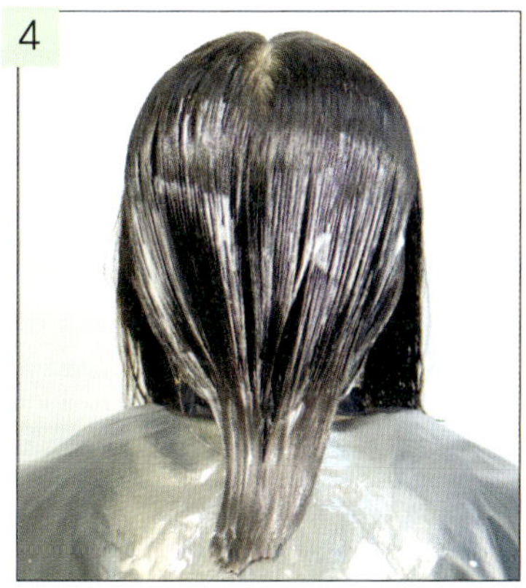
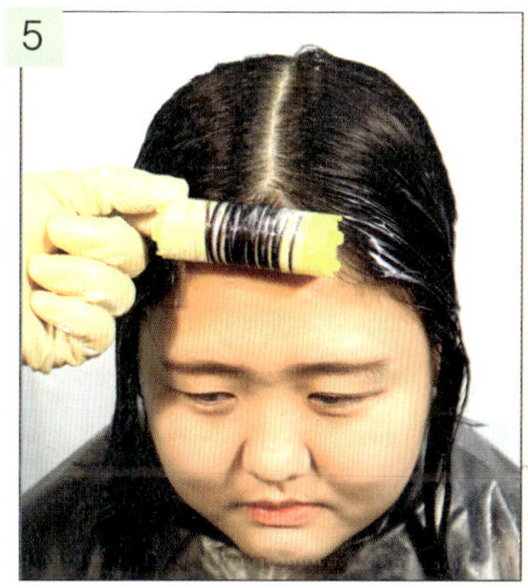
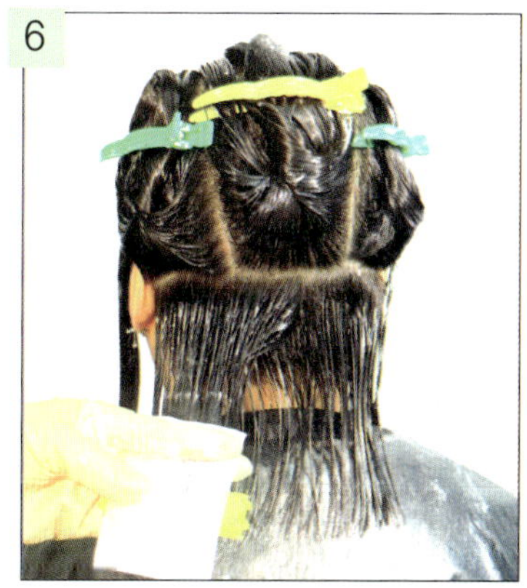

⑤ 앞머리는 중롤로 와인딩함
⑥~⑦ 네이프는 2개의 섹션을 나누어 소롤로 와인딩함

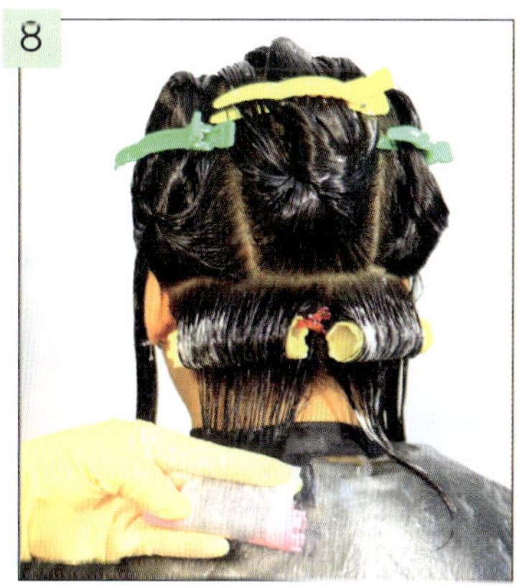
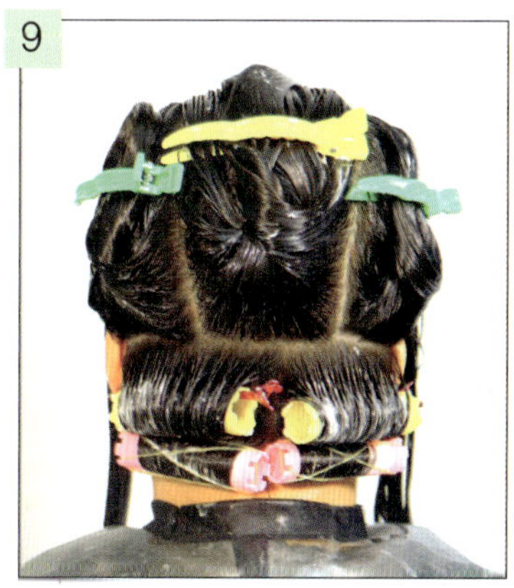

⑧~⑨ 마지막 단은 1호로 와인딩을 진행함

10

11

12
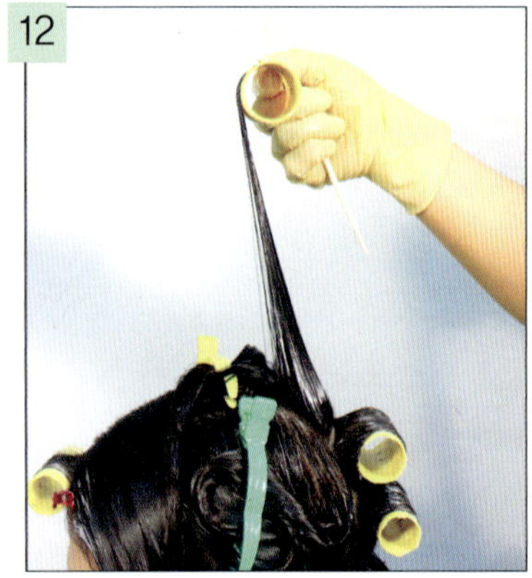

⑩~⑭ 백은 세 개로 블로킹을 나눔
정중앙 백부분에서 탑 부분까지는 한 단계씩 큰 롤을 사용하여 진행함
(백 90°, 골덴 100°, 탑 부분 135°로 각도를 서서히 들어서 와인딩)

13
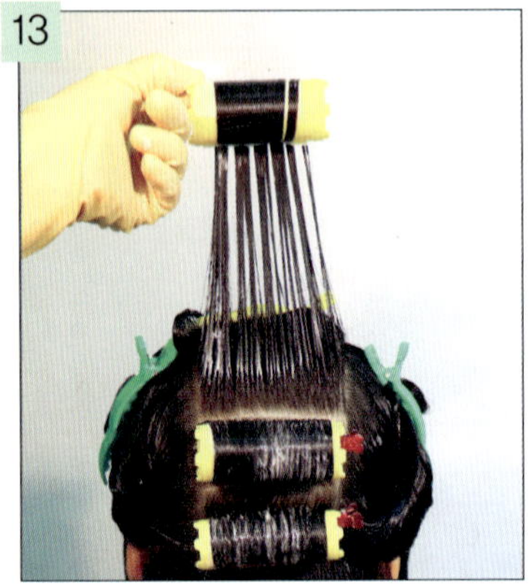
14
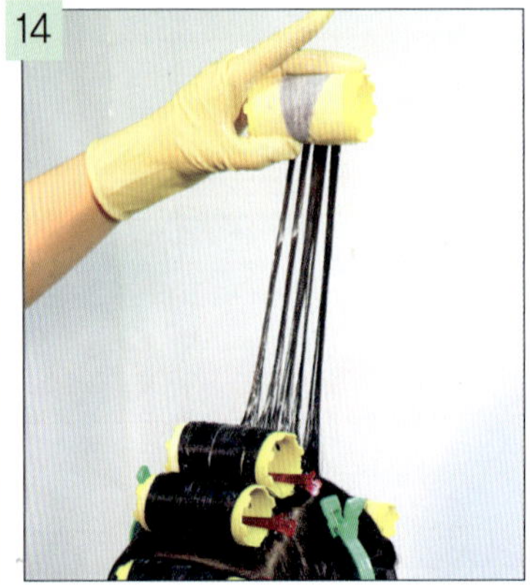
15

⑮ 백 중앙부분 와인딩이 끝난 상태

16

17

18

⑯~⑱ 백사이드도 소, 중, 대 로드를 사용하여 백사이드에서 탑까지 진행함

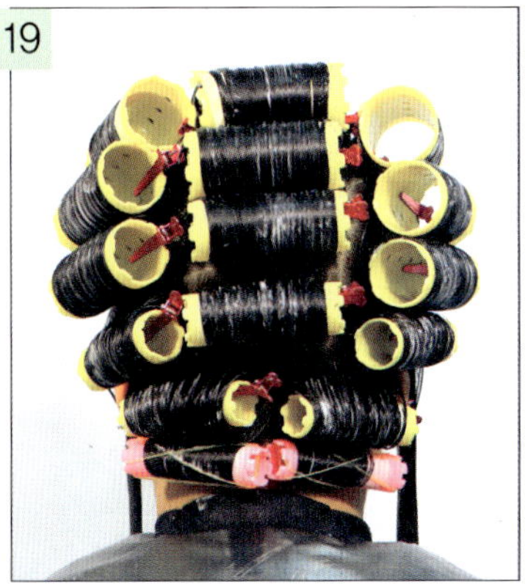

⑲ 백 전체가 와인딩이 된 상태

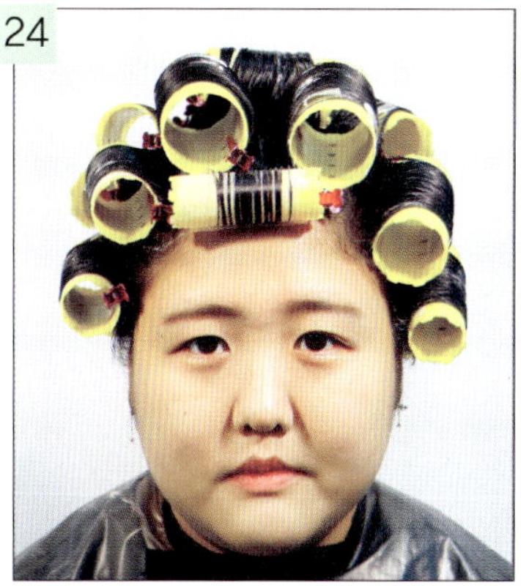

⑳ ~ ㉒ 사이드는 큰 롤로 각도를 들어올려 온베이스로 진행함

㉓ ~ ㉖ 백, 사이드, 정면 모두 와인딩이 끝난 상태

27

28
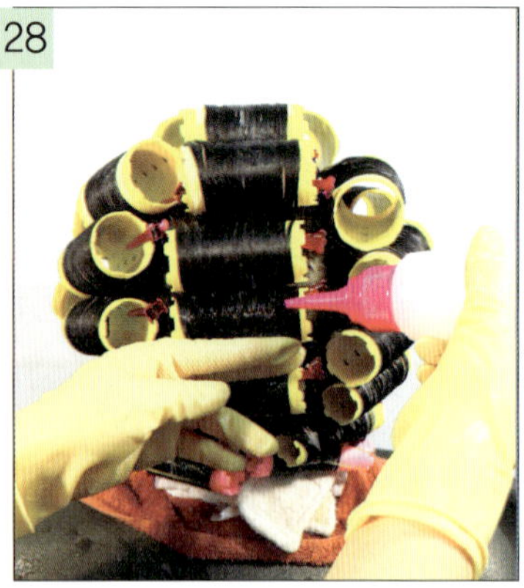
29
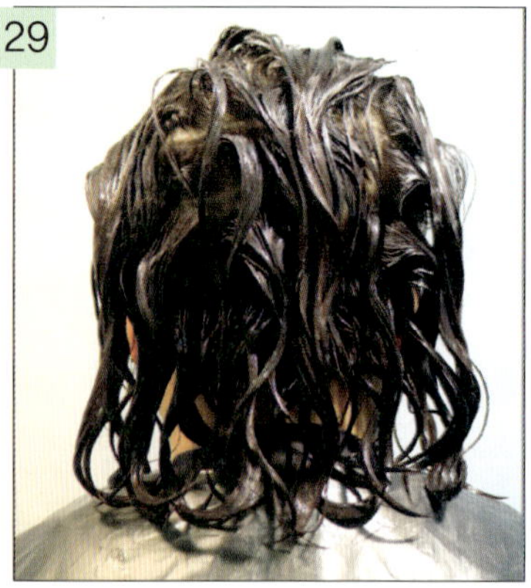

㉗ 열처리 10분 / 자연방치 15분
㉘ 중화를 진행함(과산화수소 7분)
㉙~㉛ 로드 아웃한 상태

30
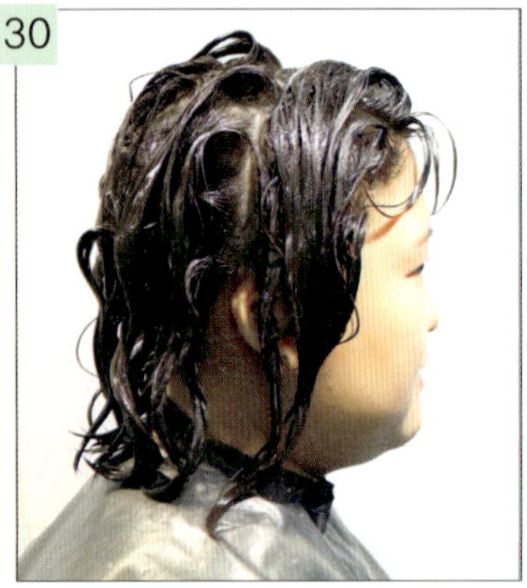
31
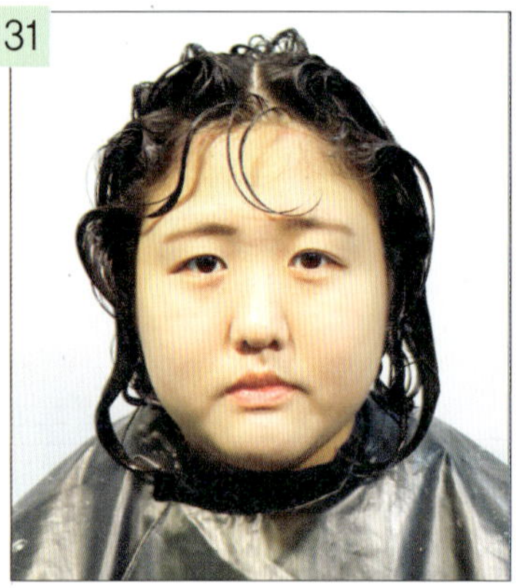
32
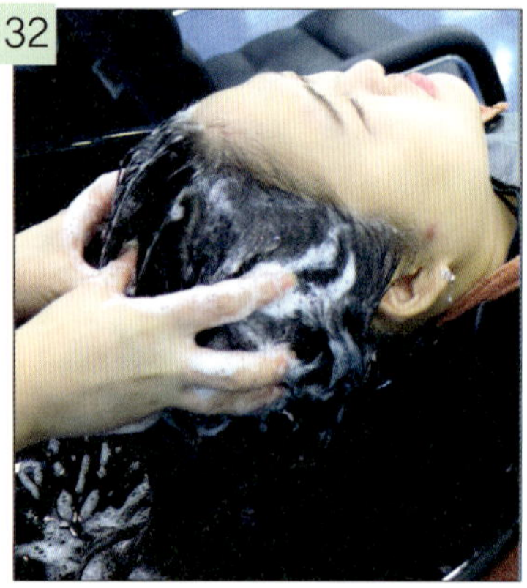

㉜ 산성샴푸로 샴푸 후 린스로 마무리

33
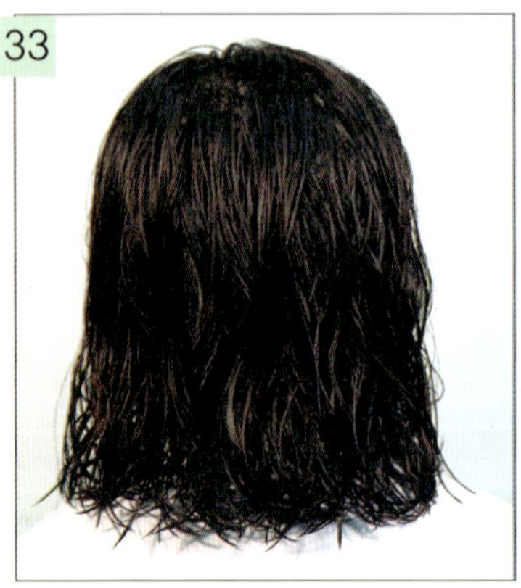
34
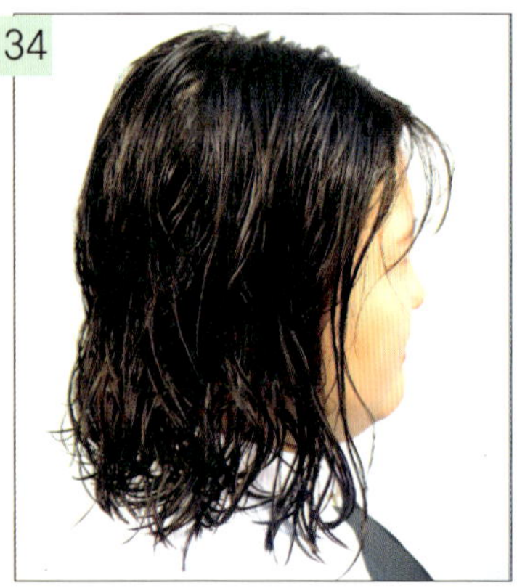
35
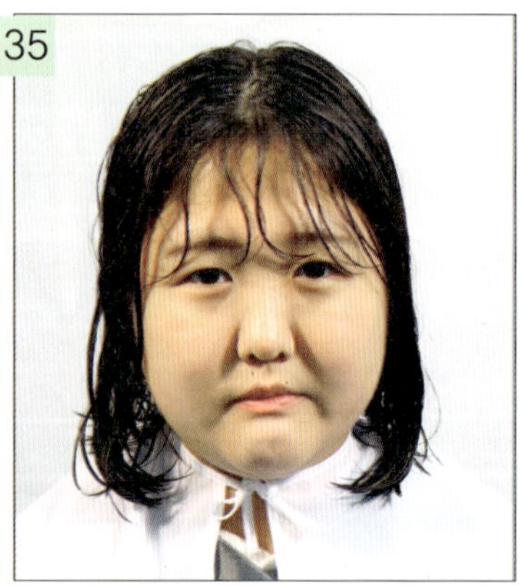

㉝~㉟ 샴푸 직후 모습

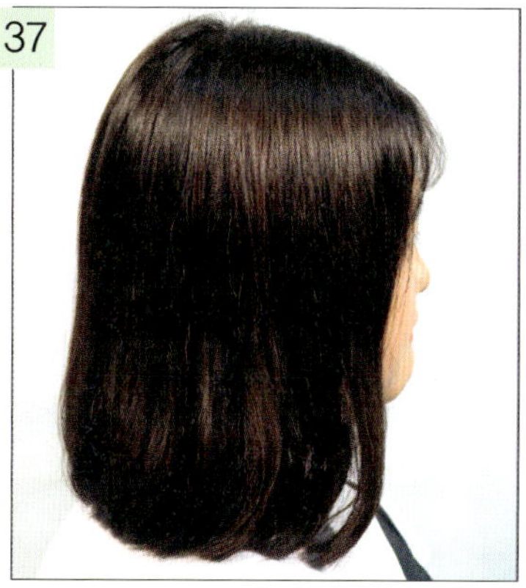

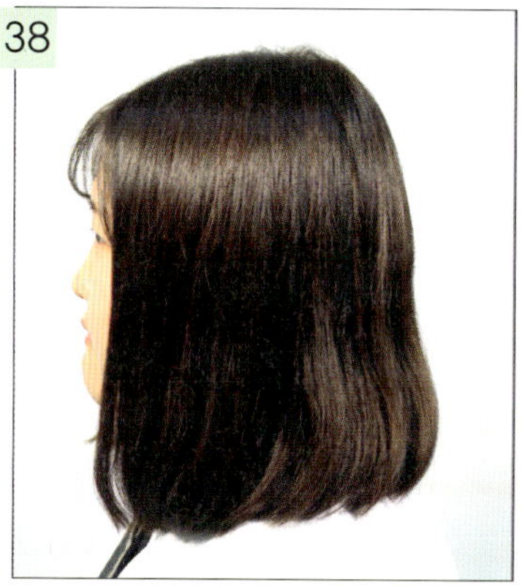

㊱ 드라이로 수분 조절

㊲~㊴ 드라이로 건조시킨 상태

3. 롤 헤어펌 마무리하기

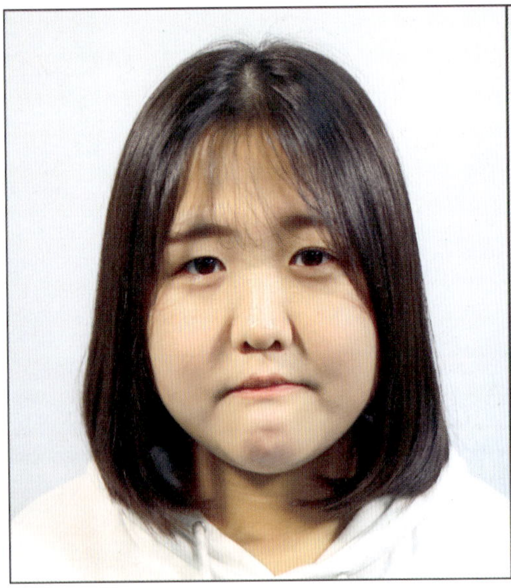

앞(FRONT)

뒤(BACK)

오른쪽(RIGHT SIDE)

왼쪽(LEFT SIDE)

실습과정사진

사 진		설 명
		• • •
		• • •
		• • •
		• • •
		• • •

실습완료사진	
앞(FRONT)	뒤(BACK)
오른쪽(RIGHT SIDE)	왼쪽(LEFT SIDE)

단원평가

롤 헤어펌 실습에 대한 장점과 단점 그리고 느낀 점을 쓰시오.

1. 장점

2. 단점

3. 느낀 점

학생 자가진단 및 교수평가

진단 영역	진 단 문 항	학생 평가					교수 평가				
		매우 미흡	미흡	보통	우수	매우 우수	매우 미흡	미흡	보통	우수	매우 우수
롤 헤어펌 하기	1. 모발길이에 맞는 굵기의 롤과 펌 도구 일체를 준비할 수 있다.	①	②	③	④	⑤	①	②	③	④	⑤
	2. 모발 유형에 따른 펌제를 도포하여 와인딩 할 수 있다.	①	②	③	④	⑤	①	②	③	④	⑤
	3. 와인딩된 롤 로드에 펌 1제를 도포할 수 있다.	①	②	③	④	⑤	①	②	③	④	⑤
	4. 웨이브 형성 촉진을 위해 가온기나 음이온기기 등을 사용할 수 있다.	①	②	③	④	⑤	①	②	③	④	⑤
	5. 처리 시간이 되면 중화제 처리를 할 수 있다.	①	②	③	④	⑤	①	②	③	④	⑤
롤 헤어펌 마무리 하기	1. 와인딩 된 롤을 오프 하여 마무리 세척을 할 수 있다.	①	②	③	④	⑤	①	②	③	④	⑤
	2. 모발에 남아있는 펌제를 깨끗하게 세척할 수 있다.	①	②	③	④	⑤	①	②	③	④	⑤
	3. 헤어스타일링 제품을 사용하여 마무리할 수 있다.	①	②	③	④	⑤	①	②	③	④	⑤

[진단결과]

진단영역	문항 수	점수	점수 ÷ 문항 수	문항 수	점수	점수 ÷ 문항 수
롤 헤어펌하기	5			5		
롤 헤어펌 시술하기	3			3		
합 계	8			8		

* 자신의 점수를 문항 수로 나눈 값이 '3점' 이하에 해당하는 영역은 업무를 성공적으로 수행하는 데 요구되는 능력이 부족하다는 의미이므로 교육훈련이나 개인학습을 통한 개발이 필요함

[교수자 피드백]

얼굴형과 모발 길이에 따른 〈롤 헤어펌〉

예시) 장방형 얼굴에 따른 모발 길이와 시술내용 분석

모발의 길이	이미지 사진	시술내용분석
숏		모발조건 : 건강모일 경우
미디엄		모발조건 : 손상모일 경우
롱		모발조건 : 신생모(건강모)+기염부 (손상모)의 혼합일 경우

4th week

매직스트레이트 헤어펌

1. 매직스트레이트 헤어펌 준비하기
2. 매직스트레이트 헤어펌 시술하기
3. 매직스트레이트 헤어펌 마무리하기

학습내용(단원명)	수업 목표
매직스트레이트 헤어펌	• 모질에 따라 연화타임을 수행할 수 있다. • 피상모나 축모를 직모로 교정하기 위해 매직스트레이트 프레스 작업을 수행할 수 있다.

교과목명 〈코드〉	〈1201010122_19v5〉 매직스트레이트 헤어펌
훈련목표	모발에 펌제와 플랫 형태의 매직기를 사용하여 모발을 스트레이트 형태로 변화하는 능력을 함양
단원명 〈능력단위 요소명〉	훈련내용 (수행준거)
매직스트레이트 헤어펌하기 〈1201010122 _19v5.1〉	1.1 매직스트레이트 헤어펌에 필요한 도구 일체를 준비할 수 있다. 1.2 모발 연화를 위해 펌 1제와 가온기 등을 사용할 수 있다. 1.3 연화가 끝난 모발을 충분히 헹군 후 건조시킬 수 있다. 1.4 플랫 형태의 매직기로 모발의 큐티클을 정돈하며 스트레이트 형태로 펼 수 있다. 1.5 펌 2제가 피부에 흘러내리지 않도록 도포 할 수 있다.
매직스트레이트 헤어펌 마무리하기 〈1201010122 _19v5.2〉	2.1 매직스트레이트 헤어펌의 마무리 세척을 할 수 있다. 2.2 스타일링을 위해 모발에 잔여 수분함량을 조절할 수 있다. 2.3 헤어스타일 연출 제품을 사용하여 마무리할 수 있다. 2.4 고객에게 홈케어 손질법을 설명할 수 있다.
구분	주요내용
지식(K)	• 펌제의 작용과 특성에 관한 지식 • 매직스트레이트 헤어펌에 필요한 펌제 사용법 • 매직스트레이트 헤어펌 도구 및 기기사용법 • 매직스트레이트 헤어펌 서비스 시 모발의 전 · 중 · 후 처리기법에 대한 지식 • 매직스트레이트 헤어펌 마무리세척 요령 • 헤어 스타일링 연출기법과 제품에 관한 지식 • 매직스트레이트 홈케어에 관한 지식
기술(S)	• 펌제의 사용 능력 • 모발 손상을 최소화하는 기술 • 매직스트레이트 헤어펌 작업 시 모발의 전 · 중 · 후 처리 기술 • 매직스트레이트 헤어펌 마무리세척 기술 • 헤어펌 후 헤어스타일 연출능력 • 헤어스타일링 제품 사용기술 • 홈케어 및 스타일링제품 안내능력
태도(A)	• 모발손상을 최소화하려는 태도 • 고객만족을 위해 노력하는 태도 • 고객 안전을 살피는 신중한 자세 • 고객의 불편을 확인하고 대처하는 자세

태도(A)	• 두피를 자극하지 않도록 주의하는 자세 • 고객만족을 위해 노력하는 자세 • 제품의 정량사용으로 자원 낭비와 환경오염을 최소화하려는 노력

1. 매직스트레이트 헤어펌 준비하기

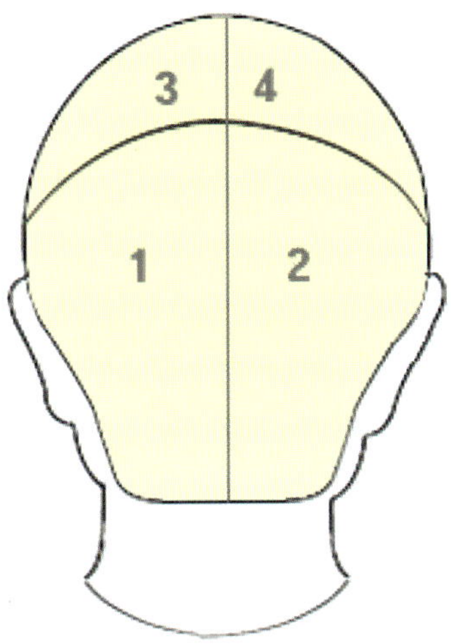

약액 도포 순서

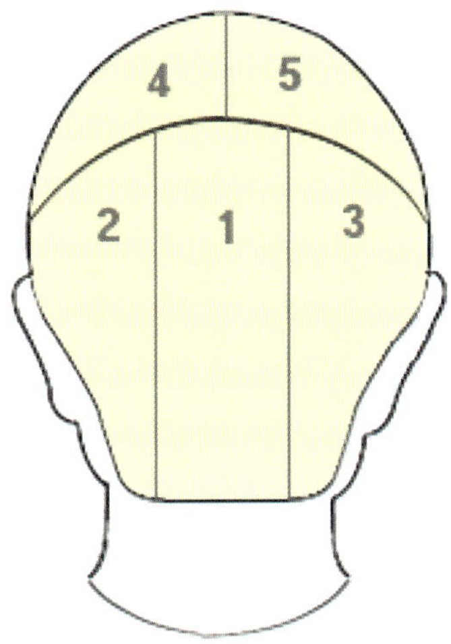

아이론 시술 순서

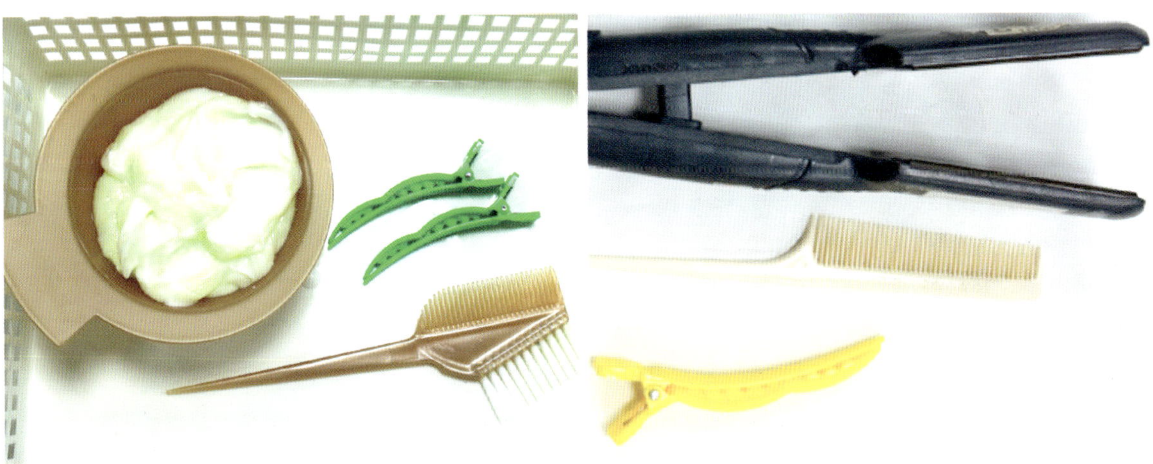

로드 및 도구

※ 모질의 상태에 따라 펌제 선택과 방치 시간은 조정되어야 함

모델 데이터	시술 내용
•모델 나이 : 30대 후반 •얼굴형태 : 사각형 •외형적 특징 : 키 크고 마른 체형 •모발 길이 : 롱(35cm) •모발 굵기 : 보통 •모량/ 질감 : 많음/ 보통 •모발의 형태 : 심한 파상모 •모발 손상 유무 : 모근에서 12cm는 건강모, 나머지는 손상모 •염색 및 웨이브 유무 : 1년마다 매직 스트레이트 시술함	• 시술 약액 : 매직약 • 시술도구 : 매직기계, 꼬리 빗, 핀셋 • 연화타임 : 모근 건강모–열처리 10분, 자연방치 10분 나머지 손상모–자연방치 5분 • 매직 시술 온도 : 건강모 180℃, 손상모 160℃
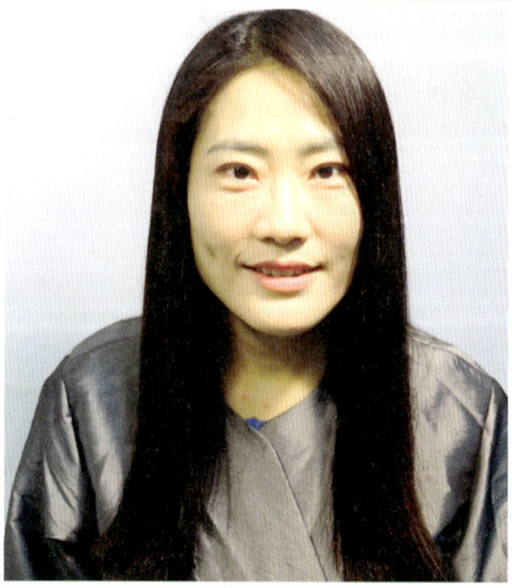	
시술 전	시술 후

※ 모델에게 직접 시술 시 개인정보 수집 및 사전동의서, 미용 요금 상세주문내역서 P246 참고바람.

2. 매직스트레이트 헤어펌 시술하기

1

2
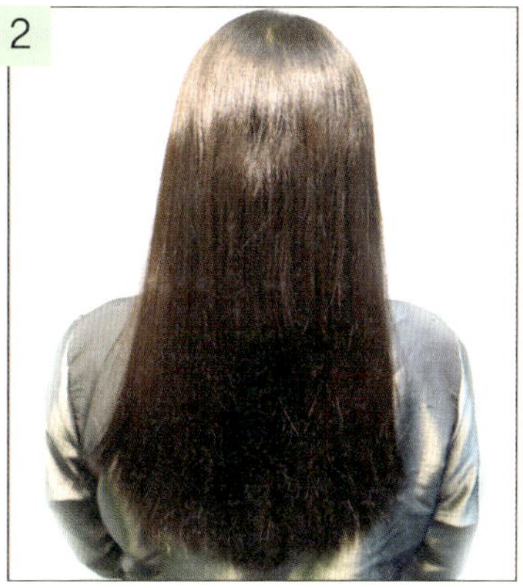
3

① 시술 전 헤어스타일
③ 곱슬기가 12cm 정도 심한 파상모임

4

5

6

④ 반복되는 매직 스트레이트 시술로 인한 모발부분에 전처리제를 바름
⑤ 모근에서 1.5cm 띄우고 12cm 정도 1차 매직약액을 도포함

7

8

9
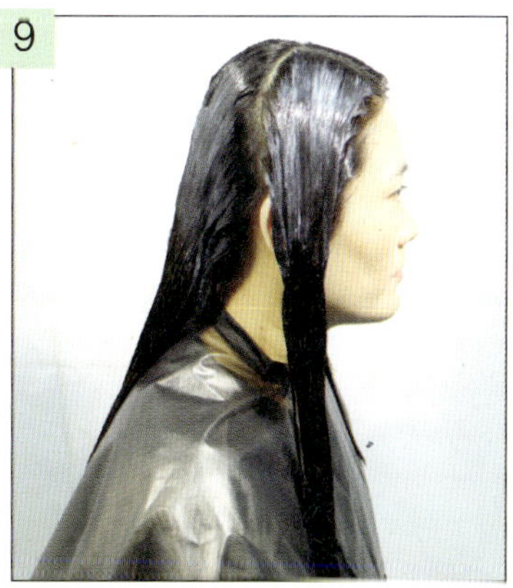

⑦~⑨ 백, 사이드 1차 도포가 끝난 상태

10

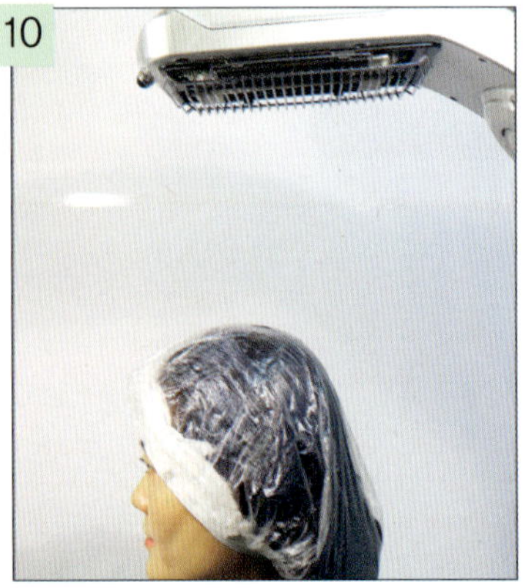

11

12

⑩ 건강모 : 열처리 10분/자연방치 10분
손상모 : 자연방치 5분

13

14

⑪~⑭ 전체 매직약액이 도포된 상태

15

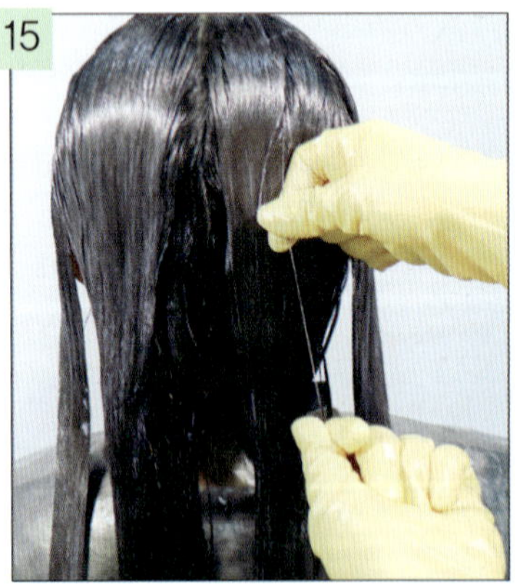

16

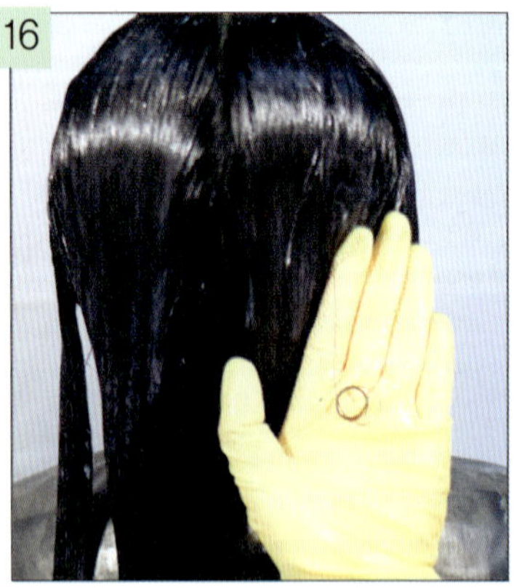

17

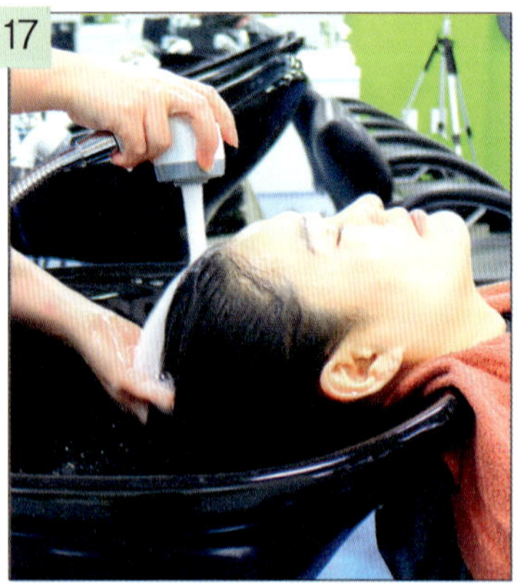

⑮~⑯ 컬 테스트를 진행함
- 당겨보기 : 모발을 당겨서 1.5배 이상 늘어날 때
- C컬 형성해 보기 : 컬의 형태가 그대로 유지될 때

⑰ 연화가 충분히 이루어졌으며 모발의 환원제를 깨끗이 헹구어 냄

⑱ 프레스 작업 전 열보호제 오일을 바른 후 진행
⑲ 드라이어로 모발을 건조시킴(수분 10% 내외)

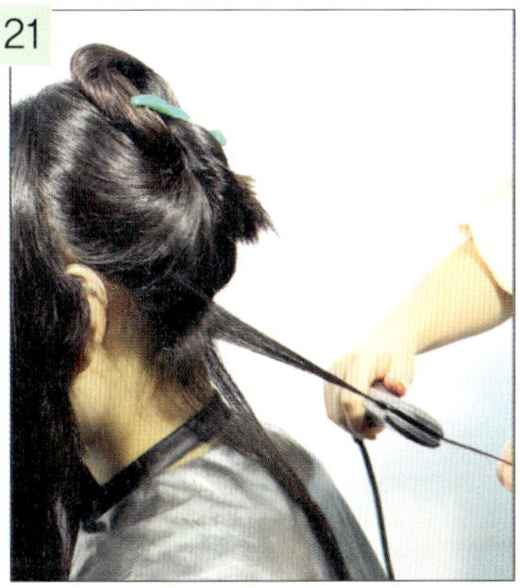

⑳~㉑ 네이프는 45° 각도로 프레스 작업을 진행함
㉒~㉔ 백부분은 90° → 45° 각도로 프레스 작업을 진행함

㉕~㉖ 곱슬기가 있는 모근 위주로 프레스 작업을 여러 번 해주고(180℃)
손상모 부위에는 한 두번의 프레스 작업만 진행함(160℃)

㉗~㉙ 골덴 포인트는 135°→90°→ 45°→ 0°순으로 각도를 점차 낮추면서 프레스 작업을 진행

㉚~㉝ 탑 부분은 180°→ 90°→ 45°→ 0°순으로 각도를 점차 낮추면서 프레스 작업을 진행

㉞ 백 부분 전체가 완성된 상태

35

36

㉟ 사이드 아래 부분은 45° → 0° 순으로 진행

37

38

39

㊲~㊴ 사이드 중간 부분은 135° → 90° → 45° → 0°
사이드 탑 부분은 180° → 90° → 45° → 0°

40

41

42

㊵~㊸ 프레스 작업이 모두 끝난 상태

43

44

45

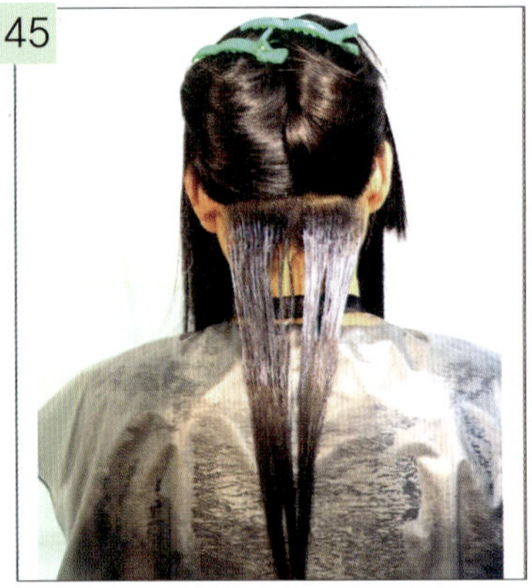

㊹~㊼ 중화제 도포
1차 도포 : 모근에서부터 12cm(5분)

46

47

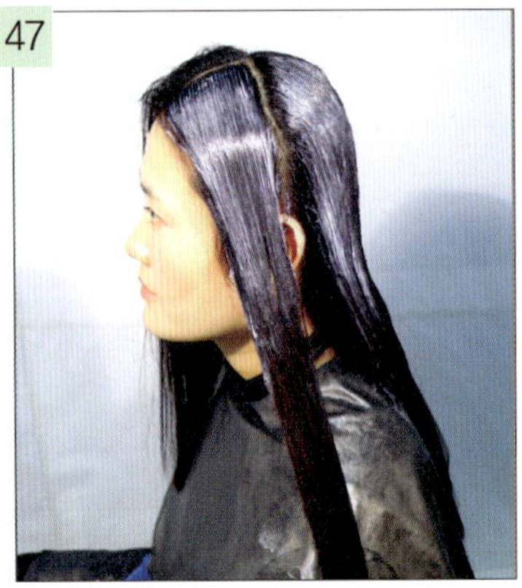

48

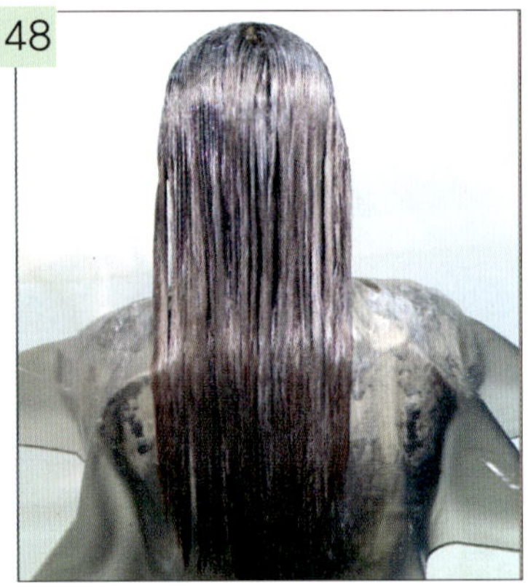

㊽ 2차 도포 : 나머지 모선 부분(2분)

49

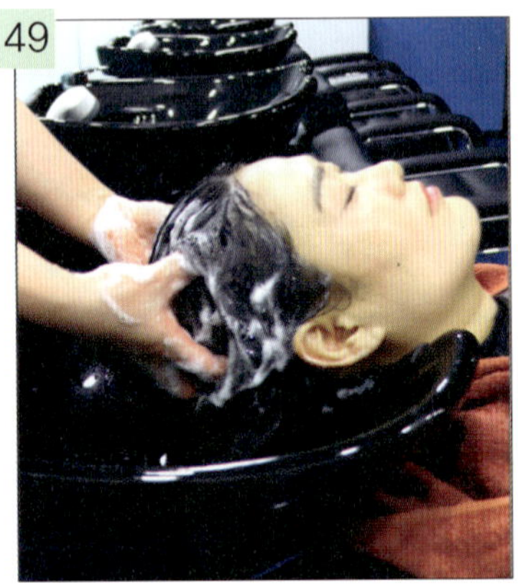

50

51

㊾ 산성샴푸로 샴푸한 후 후처리 트리트먼트로 마무리
㊿ 샴푸 직후 모습
51 드라이어로 수분 건조(완전 건조)

㉜~㉞ 완전 건조된 상태
에센스로 마무리

3. 매직스트레이트 헤어펌 마무리하기

앞(FRONT)

뒤(BACK)

오른쪽(RIGHT SIDE)

왼쪽(LEFT SIDE)

실습과정사진

사 진		설 명
		• • •
		• • •
		• • •
		• • •
		• • •

실습완료사진	
앞(FRONT)	뒤(BACK)
오른쪽(RIGHT SIDE)	왼쪽(LEFT SIDE)

단원평가

매직스트레이트 헤어펌 실습에 대한 장점과 단점 그리고 느낀 점을 쓰시오.

1. 장점

2. 단점

3. 느낀 점

학생 자가진단 및 교수평가

진단 영역	진 단 문 항	학생 평가					교수 평가				
		매우 미흡	미흡	보통	우수	매우 우수	매우 미흡	미흡	보통	우수	매우 우수
매직 스트레이트 헤어펌 하기	1. 매직스트레이트 헤어펌에 필요한 도구 일체를 준비할 수 있다.	①	②	③	④	⑤	①	②	③	④	⑤
	2. 모발 연화를 위해 펌 1제와 가온기 등을 사용할 수 있다.	①	②	③	④	⑤	①	②	③	④	⑤
	3. 연화가 끝난 모발을 충분히 헹군 후 건조시킬 수 있다.	①	②	③	④	⑤	①	②	③	④	⑤
	4. 플랫 형태의 매직기로 모발의 큐티클을 정돈하며 스트레이트 형태로 펼 수 있다.	①	②	③	④	⑤	①	②	③	④	⑤
	5. 펌 2제가 피부에 흘러내리지 않도록 도포 할 수 있다.	①	②	③	④	⑤	①	②	③	④	⑤
매직 스트레이트 헤어펌 마무리하기	1. 매직스트레이트 헤어펌의 마무리 세척을 할 수 있다.	①	②	③	④	⑤	①	②	③	④	⑤
	2. 스타일링을 위해 모발에 잔여 수분함량을 조절할 수 있다.	①	②	③	④	⑤	①	②	③	④	⑤
	3. 헤어스타일 연출 제품을 사용하여 마무리할 수 있다.	①	②	③	④	⑤	①	②	③	④	⑤
	4. 고객에게 홈케어 손질법을 설명할 수 있다.	①	②	③	④	⑤	①	②	③	④	⑤

[진단결과]

진단영역	문항 수	점수	점수 ÷ 문항 수	문항 수	점수	점수 ÷ 문항 수
매직스트레이트 헤어펌하기	5			5		
매직스트레이트 헤어펌 마무리 하기	4			4		
합 계	9			9		

* 자신의 점수를 문항 수로 나눈 값이 '3점' 이하에 해당하는 영역은 업무를 성공적으로 수행하는 데 요구되는 능력이 부족하다는 의미이므로 교육훈련이나 개인학습을 통한 개발이 필요함

[교수자 피드백]

모발 길이에 따른 〈매직스트레이트 헤어펌〉

예시) 모발 길이와 모발조건에 따른 시술내용 분석

모발의 길이	이미지 사진	시술내용분석
숏		모발조건 : 건강모일 경우
미디엄		모발조건 : 손상모일 경우
롱		모발조건 : 신생모(건강모)+기염부 (손상모)의 혼합일 경우

5th week

디자인 헤어펌 (벽돌쌓기)

1. 디자인 헤어펌 준비하기
2. 디자인 헤어펌 시술하기
3. 디자인 헤어펌 마무리하기

학습내용(단원명)	수업 목표
디자인 헤어펌 〈벽돌쌓기〉	• 모발의 갈라짐을 최소화하고 볼륨을 살리기 위한 벽돌쌓기 와인딩 기법 디자인을 수행할 수 있다.

교과목명 〈코드〉	〈1201010134_17v4〉 디자인 헤어펌
훈련목표	디자인 헤어펌이란 고객의 요구, 외형적 특징, 트렌드 등을 반영하여 설계한 헤어디자인에 적합한 펌제 및 펌도구를 선택 · 사용하여 헤어펌을 완성하는 능력이다.
단원명 〈능력단위 요소명〉	훈련내용 (수행준거)
디자인 헤어펌하기 〈1201010134 _17v4.1〉	1.1 고객의 특성과 라이프 스타일에 어울리는 디자인 헤어펌 이미지를 상담할 수 있다. 1.2 고객의 요구를 반영한 창의적인 헤어펌을 디자인할 수 있다. 1.3 디자인 연출을 위한 펌제와 다양한 로드를 선택할 수 있다. 1.4 다양한 와인딩 기법으로 디자인 헤어펌을 와인딩한 후 1제를 도포하고 처리시간을 설정할 수 있다. 1.5 원하는 디자인 펌의 웨이브형성을 테스트컬한 후 중화처리 할 수 있다.
디자인 헤어펌 마무리 하기 〈1201010134 _17v4.2〉	2.1 헤어펌 유형에 따라 로드오프하여 마무리 세척을 할 수 있다. 2.2 헤어펌 유형에 따라 헤어스타일링을 위해 모발에 잔여 수분함량을 조절할 수 있다. 2.3 헤어스타일 연출 제품을 사용하여 마무리할 수 있다. 2.4 고객에게 홈케어 방법을 설명하고 필요한 제품을 추천할 수 있다.
구분	주요내용
지식(K)	· 펌제 사용 전 샴푸법 · 펌제 사용 전에 사용하는 전처리제에 관한 지식 · 베이직 헤어펌에 사용하는 도구 및 재료에 관한 지식 · 두피보호제에 관한 지식 · 펌1제와 2제의 성분과 작용원리 · 베이직 헤어펌 와인딩 종류와 기법 · 베이직 헤어펌 도구의 특징과 사용방법 · 와인딩 모발 열처리 및 처리시간에 관한 지식 · 로드-오프 노하우 · 헤어펌 손질법 · 헤어스타일링 제품에 관한 지식
기술(S)	· 사전 샴푸능력 · 도구 및 재료 준비 능력 · 전처리제 도포 테크닉 · 연화 및 유화 능력 · 두피보호제 도포 테크닉

기술(S)	• 크로키놀식 와인딩 능력 • 스파이럴식 와인딩 능력 • 펌제 도포능력 • 중간테스트 능력 • 중화제 도포 기술 • 가온기 사용기술 • 로드-오프 후 마무리샴푸 능력 • 타월 드라이 후 웨이브 디자인에 따른 모발 건조 테크닉 • 헤어펌 후 헤어스타일 연출능력 • 헤어스타일링 제품 사용기술
태도(A)	• 신속하고 정확하게 서비스하는 태도 • 고객 만족을 위해 노력하는 태도 • 고객의 불편을 수시로 확인하고 대처하는 자세 • 고객의 두피에 자극을 최소화 하려는 자세 • 펌제의 정량사용으로 자원낭비와 환경오염을 최소화하려는 의지 • 고객만족을 위해 노력하는 자세 • 고객의 두피와 모발을 보호하려는 태도 • 제품의 정량사용으로 자원 낭비와 환경오염을 최소화하려는 노력

1. 디자인 헤어펌 준비하기

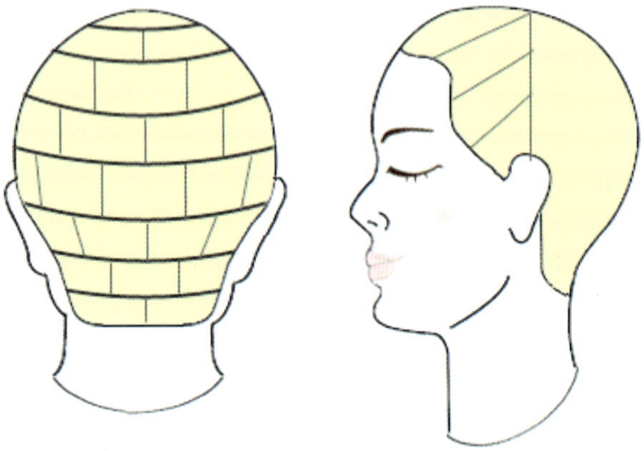

블로킹 및 섹션

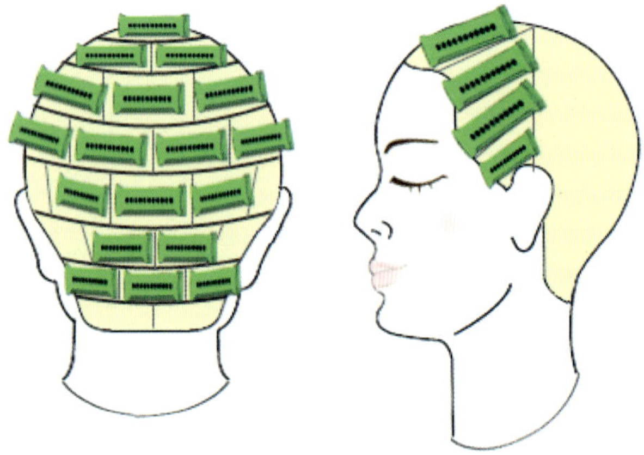

도해도

로드 및 도구

※ 모질의 상태에 따라 펌제 선택과 방치 시간은 조정되어야 함

모델 데이터	시술 내용
• 모델 나이 : 50대 중반 • 얼굴형태 : 장방형 • 외형적 특징 : 키 작고 마른체형 • 모발 길이 : 숏(14cm) • 모발 굵기 : 보통 • 모량/질감 : 보통/보통 • 모발의 형태 : 파상모 • 모발 손상 유무 : 많음 • 염색 및 웨이브 유무 : 반복적인 펌 염색시술 모발	• 시술 약액 : 시스테인 • 로드 호수 : 1,3,4,5호 • 시술 시간 : 자연방치 20분 • 와인딩 방법 : 크로키놀식 벽돌쌓기 와인딩
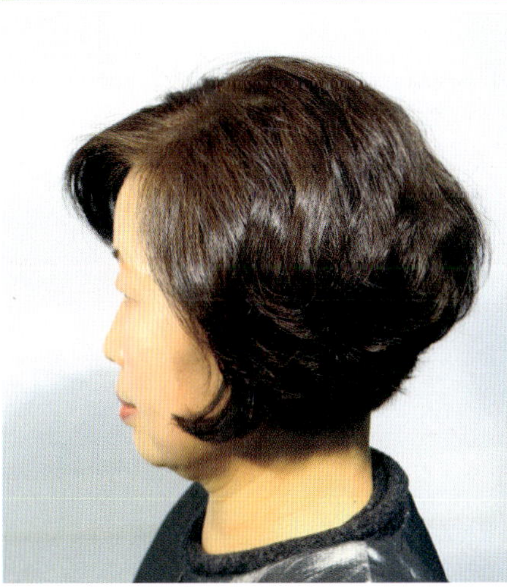	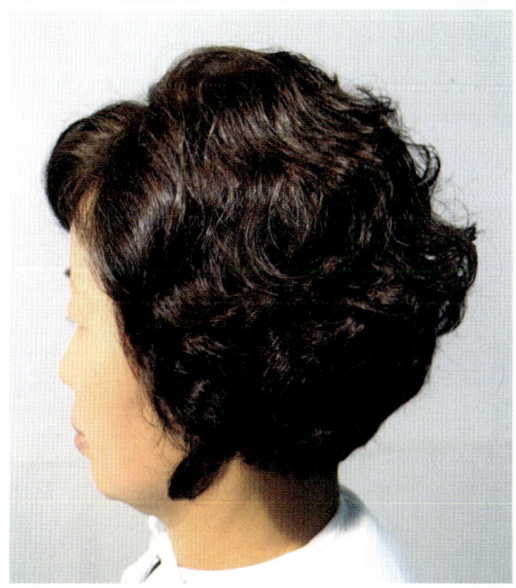
시술 전	시술 후

※ 모델에게 직접 시술 시 개인정보 수집 및 사전동의서, 비용 요금 상세주문내역서 P246 참고바람.

2. 디자인 헤어펌 시술하기

1

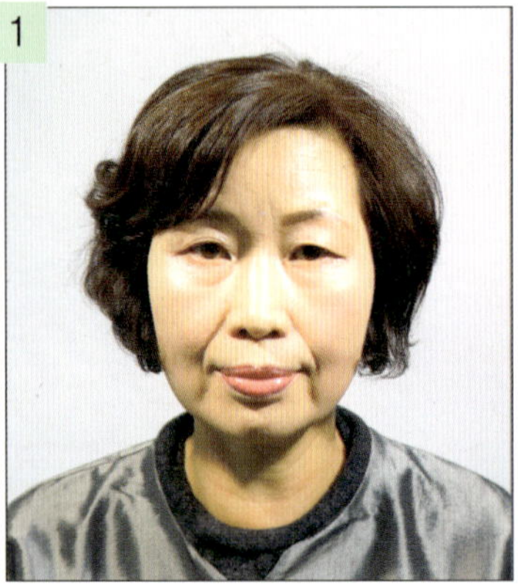

2

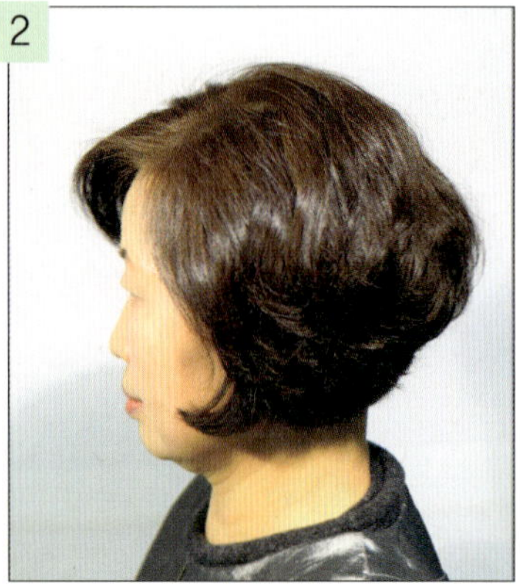

3

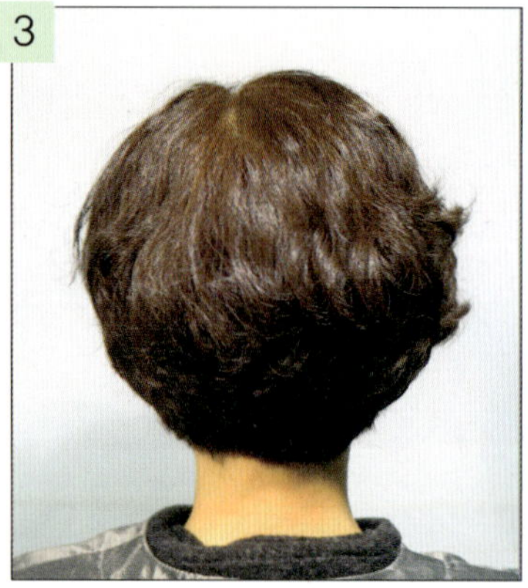

①~③ 시술 전 헤어스타일

4

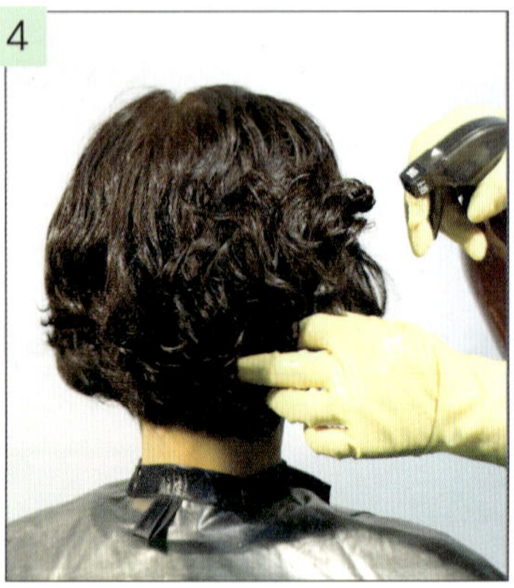

5

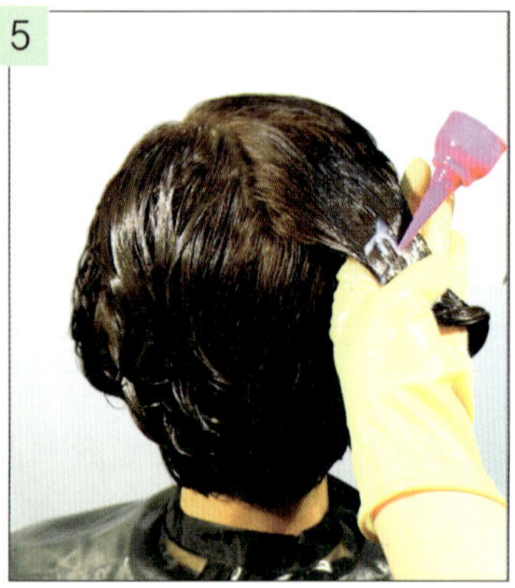

6

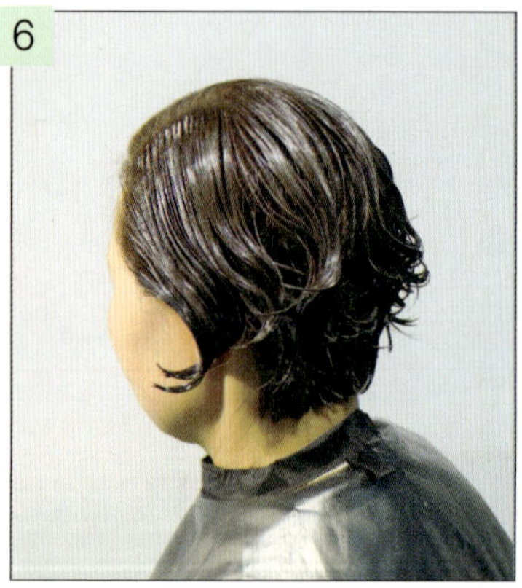

④ 잦은 염색으로 인해 손상된 모발에 전처리제 도포
⑤~⑥ 시스테인 약액 도포

7

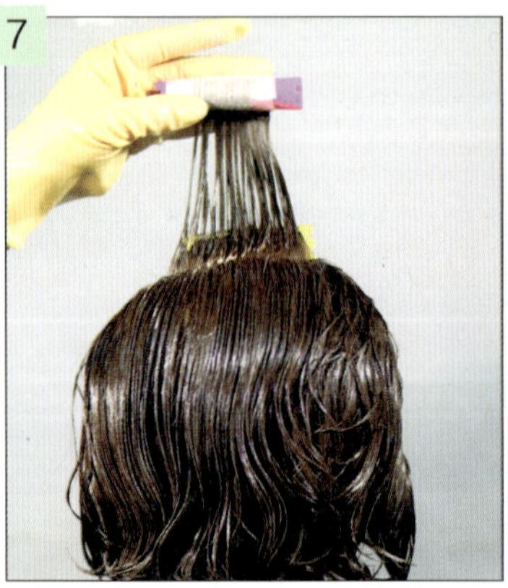

8

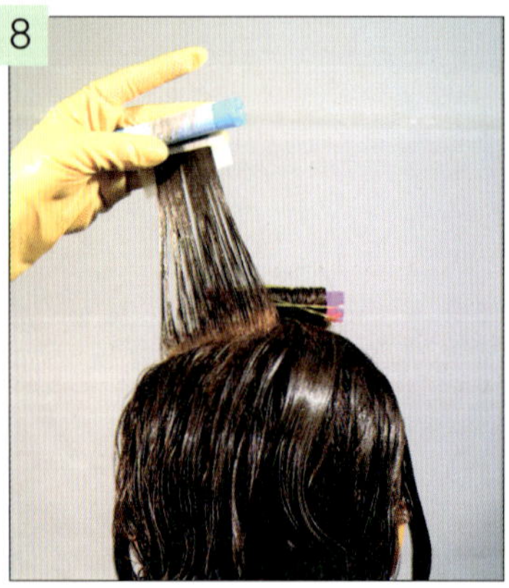

9

⑦ 앞머리는 소롤로 와인딩하고, 탑 부분은 로드 3호로 가로 말기 와인딩을 진행함
⑧ 벽돌쌓기 패턴으로 그 다음 단은 4호로 와인딩을 진행함

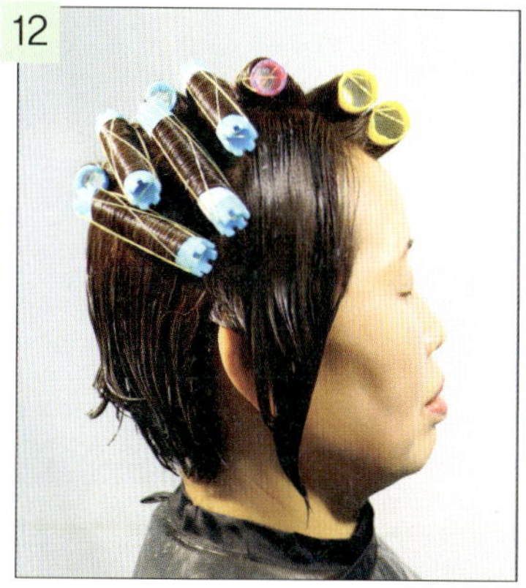

⑩~⑫ 5 번째 단까지 4호로 벽돌쌓기 와인딩을 진행함

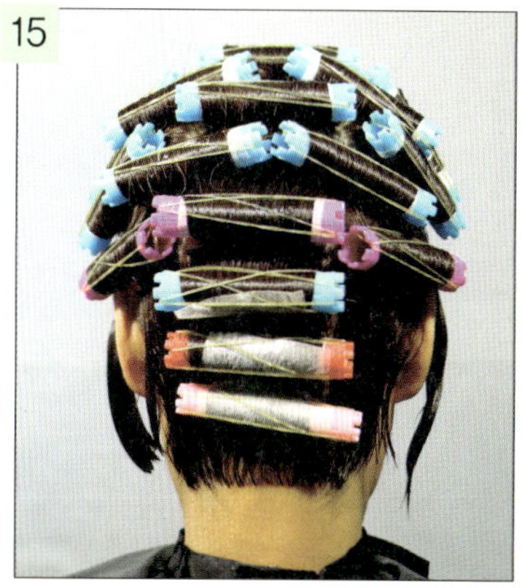

⑬~⑭ 백 부분 아래는 자연스러운 컬을 형성하기 위해 3호부터 와인딩을 진행함
⑮~⑯ 백네이프와 네이프 사이드 부분은 한바퀴 반씩 와인딩을 진행함

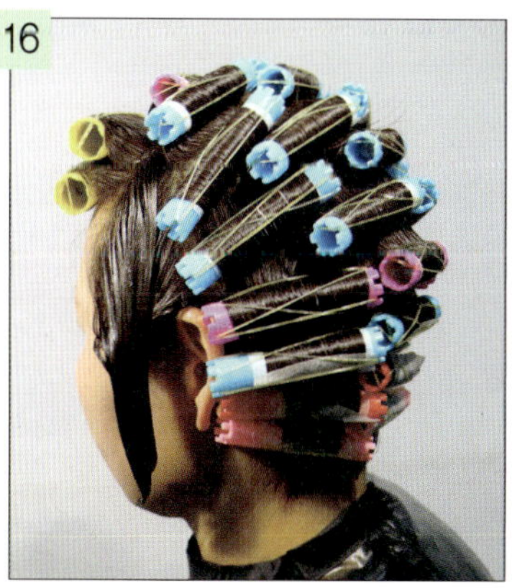

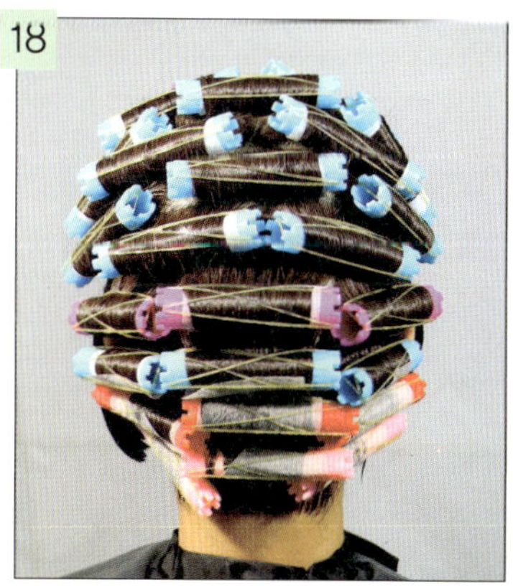

⑰~⑱ 네이프단의 와인딩이 완성된 모습

19

20

21

⑲ 사이드는 뒤쪽으로 자연스럽게 넘어가도록 하기 위해 전대각 섹션으로 1호로 와인딩을 진행함
⑳ 사이드 와인딩이 완성된 상태
㉑ 와인딩이 끝난 후 약액을 재 도포함

22
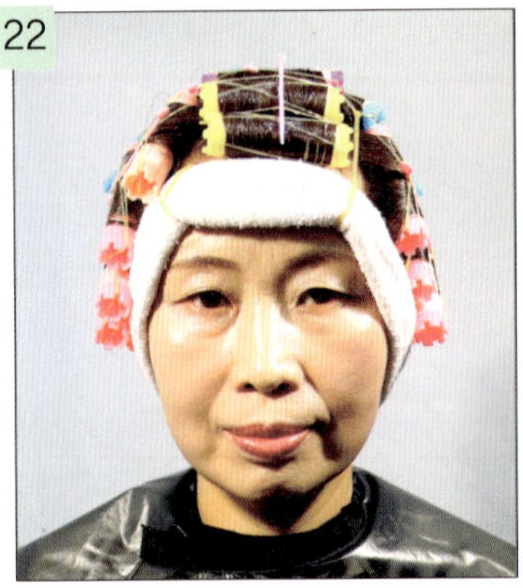
23
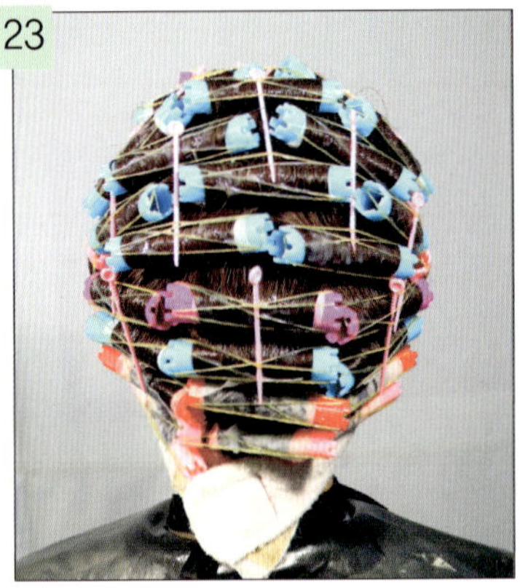
24
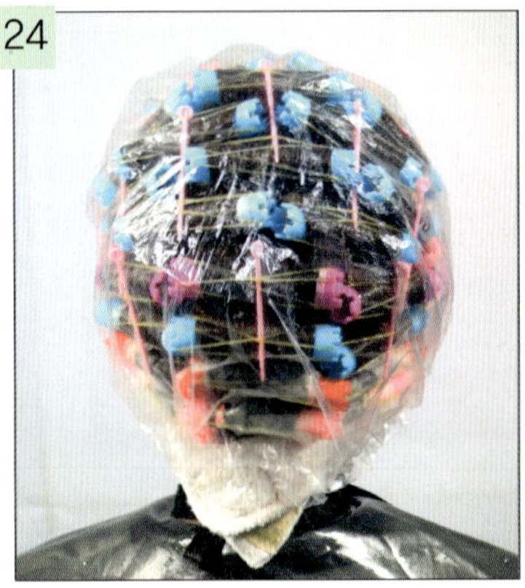

㉒~㉓ 헤어 밴드를 하고 밴딩자국을 최소화 하기 위해 스틱을 꽂음
㉔ 환원제 작용이 잘 이루어질 수 있도록 비닐캡을 씌움

25
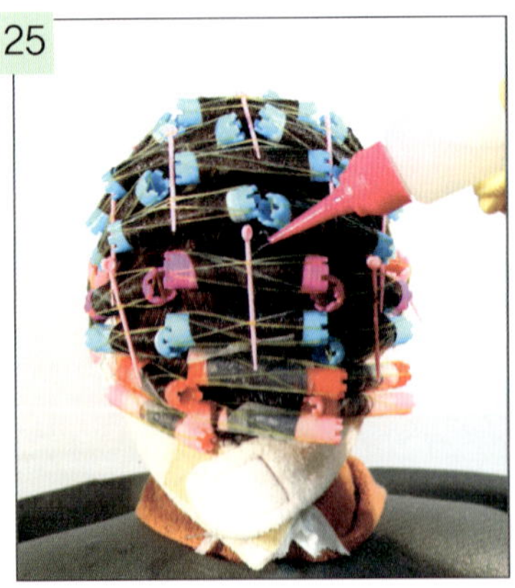
26
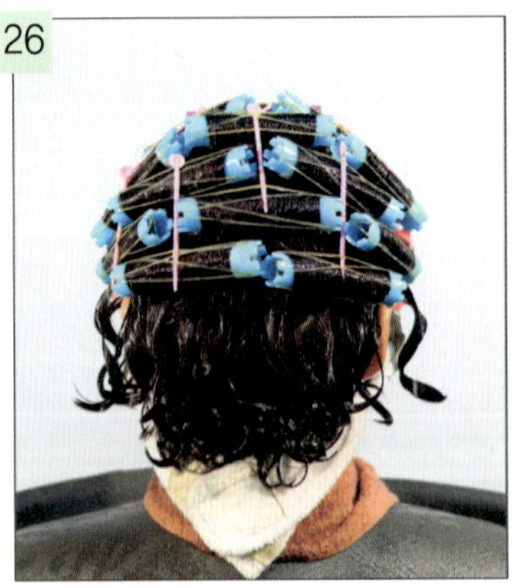

㉕ 손상된 모발이므로 자연방치 20분 경과 후 중화
㉖ 중화를 한 후 백 네이프 부분, 사이드, 앞머리는 자연스럽게 로드 아웃해줌
중화타임(브롬산나트륨 10분)

27
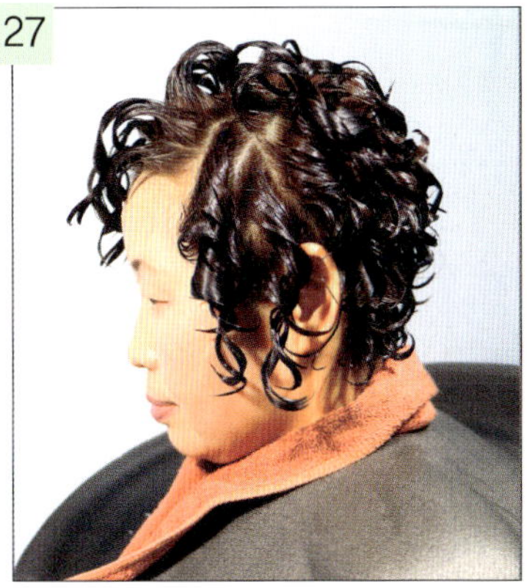
28
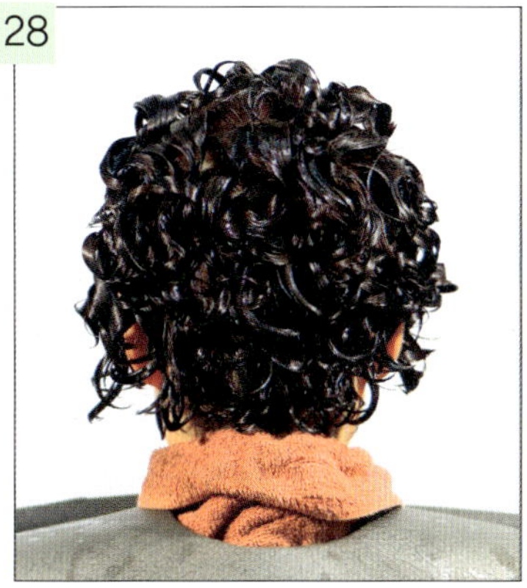
29
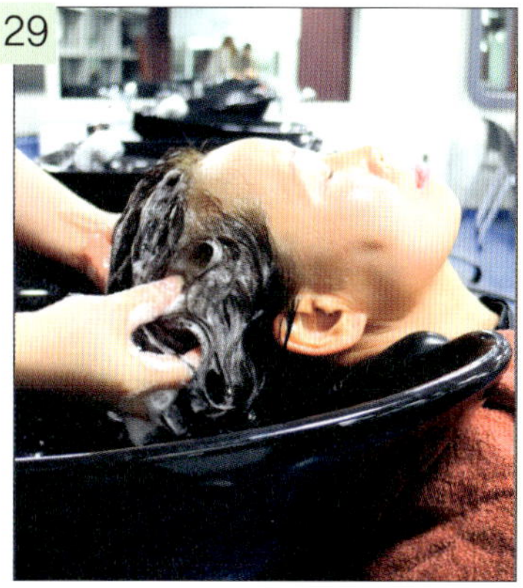

㉗~㉘ 로드 아웃한 상태
㉙ 산성샴푸로 샴푸를 하고 트리트먼트로 헹굼

30
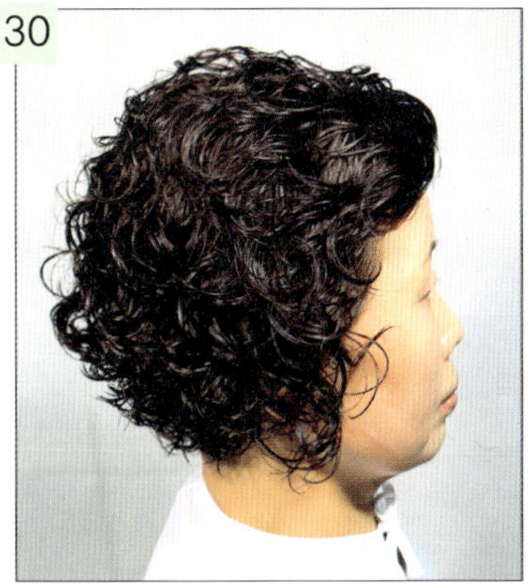
31
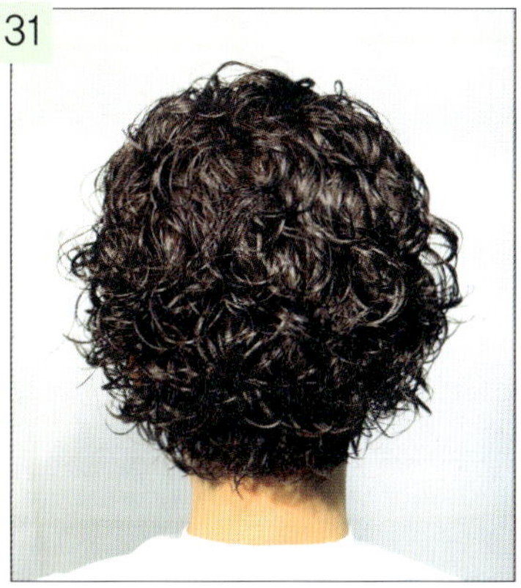
32
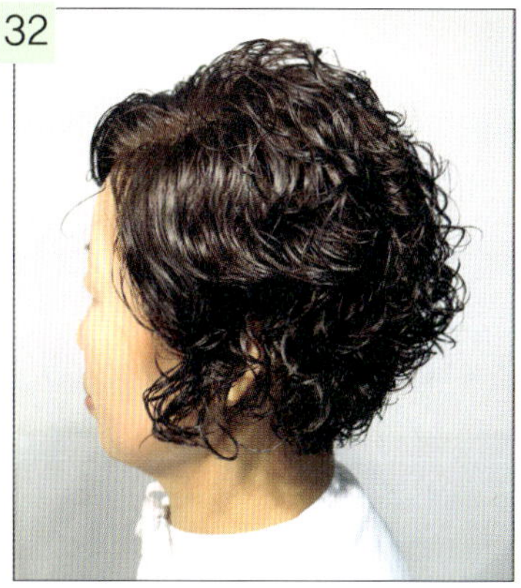

㉚~㉜ 샴푸 직후 모습

33
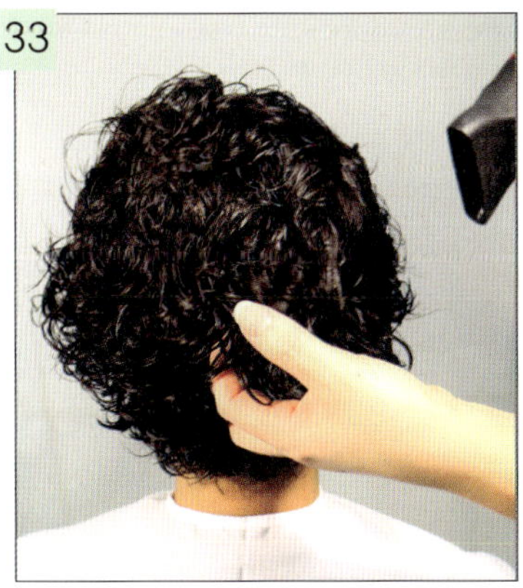
34
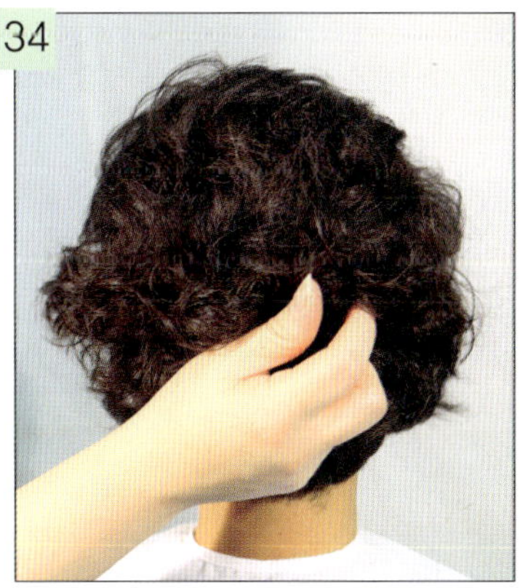
35
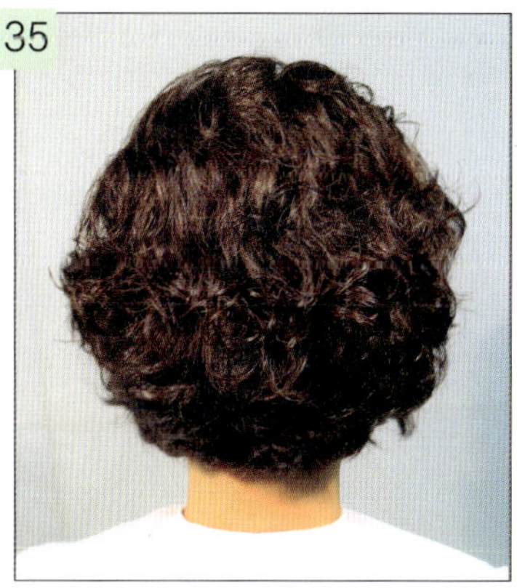

㉝ 드라이어로 수분 조절
㉞ 모발이 부스스해 보이지 않도록 헤어 스타일링 제품을 바름

36

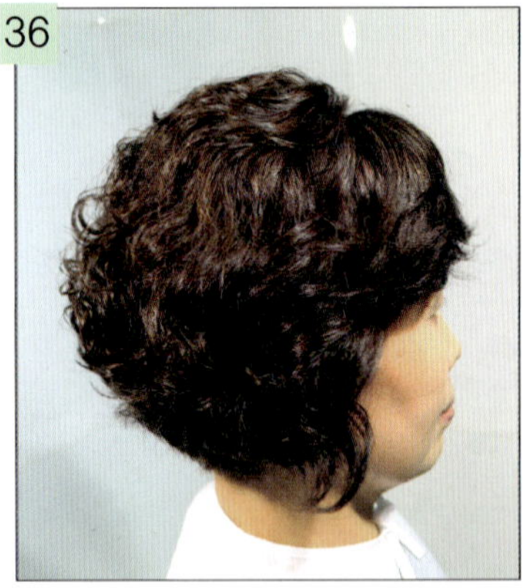

37

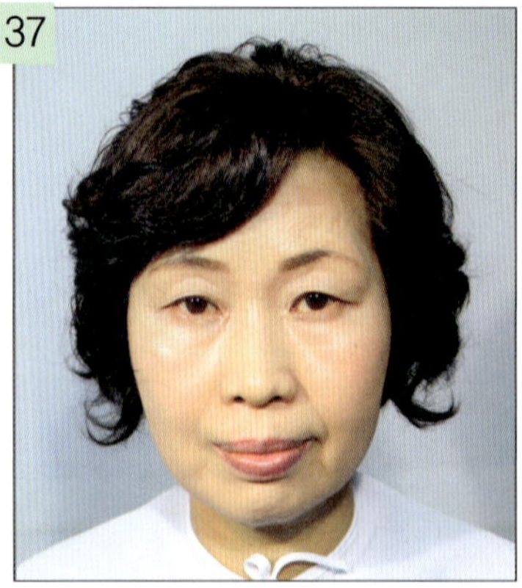

38

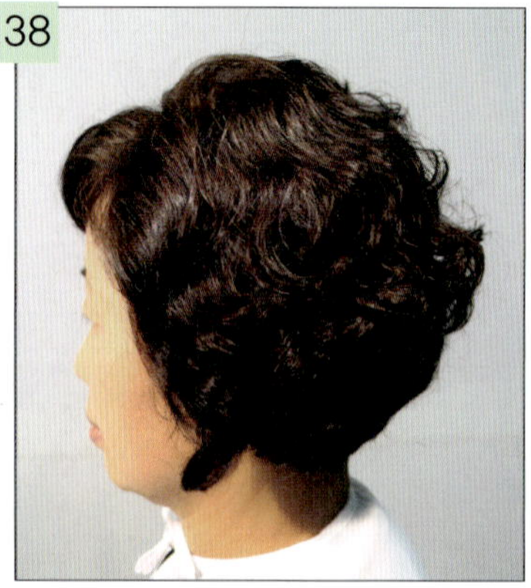

㉟~㊳ 스타일링제품을 바르고 난 후 모습

3. 디자인 헤어펌 마무리하기

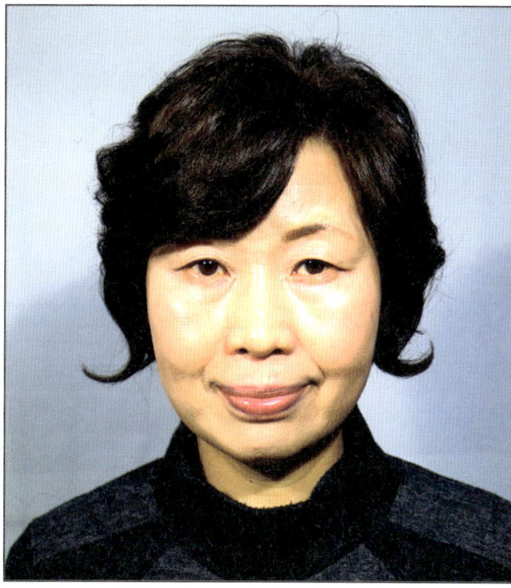

앞(FRONT)

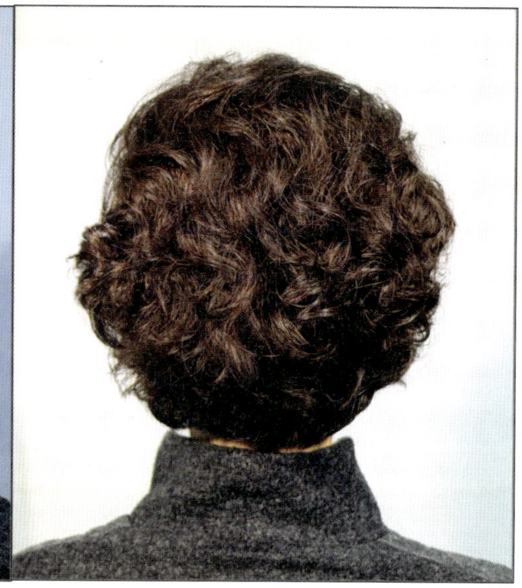

뒤(BACK)

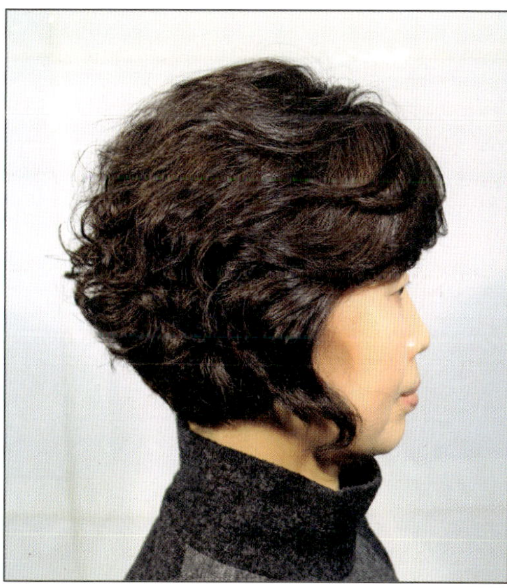

오른쪽(RIGHT SIDE)

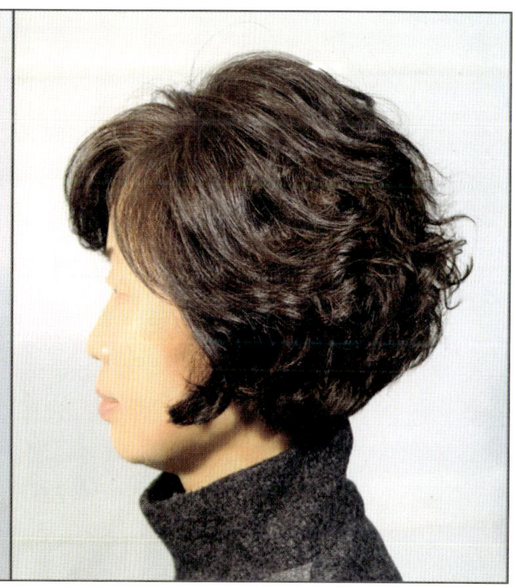

왼쪽(LEFT SIDE)

실습과정사진

사 진		설 명
		• • •
		• • •
		• • •
		• • •
		• • •

실습완료사진	
앞(FRONT)	뒤(BACK)
오른쪽(RIGHT SIDE)	왼쪽(LEFT SIDE)

단원평가

디자인 헤어펌 (벽돌쌓기) 실습에 대한 장점과 단점 그리고 느낀 점을 쓰시오.

1. 장점

2. 단점

3. 느낀 점

학생 자가진단 및 교수평가

진단 영역	진단 문항	학생 평가					교수 평가				
		매우 미흡	미흡	보통	우수	매우 우수	매우 미흡	미흡	보통	우수	매우 우수
디자인 헤어펌 하기	1. 고객의 특성과 라이프스타일에 어울리는 디자인 헤어펌 이미지를 상담할 수 있다.	①	②	③	④	⑤	①	②	③	④	⑤
	2. 고객의 요구를 반영한 창의적인 헤어펌을 디자인할 수 있다.	①	②	③	④	⑤	①	②	③	④	⑤
	3. 디자인 연출을 위한 펌제와 다양한 로드를 선택할 수 있다.	①	②	③	④	⑤	①	②	③	④	⑤
	4. 다양한 와인딩 기법으로 디자인 헤어펌을 와인딩한 후 1제를 도포하고 처리시간을 설정할 수 있다.	①	②	③	④	⑤	①	②	③	④	⑤
	5. 원하는 디자인 펌의 웨이브형성을 테스트컬한 후 중화처리 할 수 있다.	①	②	③	④	⑤	①	②	③	④	⑤
디자인 헤어펌 마무리 하기	1. 헤어펌 유형에 따라 로드 오프하여 마무리 세척할 수 있다.	①	②	③	④	⑤	①	②	③	④	⑤
	2. 헤어펌 유형에 따라 헤어스타일링을 위해 모발에 잔여 수분함량을 조절할 수 있다.	①	②	③	④	⑤	①	②	③	④	⑤
	3. 헤어스타일 연출 제품을 사용하여 마무리할 수 있다.	①	②	③	④	⑤	①	②	③	④	⑤
	4. 고객에게 홈케어 방법을 설명하고 필요한 제품을 추천할 수 있다.	①	②	③	④	⑤	①	②	③	④	⑤

[진단결과]

진단영역	문항 수	점수	점수 ÷ 문항 수	문항 수	점수	점수 ÷ 문항 수
디자인 헤어펌하기	5			5		
디자인 헤어펌 마무리하기	4			4		
합 계	9			9		

* 자신의 점수를 문항 수로 나눈 값이 '3점' 이하에 해당하는 영역은 업무를 성공적으로 수행하는 데 요구되는 능력이 부족하다는 의미이므로 교육훈련이나 개인학습을 통한 개발이 필요함

[교수자 피드백]

얼굴형과 모발 길이에 따른 〈디자인 헤어펌〉

예시) 타원형 얼굴형에 따른 모발 길이와 시술내용 분석

모발의 길이	이미지 사진	시술내용분석
숏		모발조건 : 건강모일 경우
미디엄		모발조건 : 손상모일 경우
롱		모발조건 : 신생모(건강모)+기염부 (손상모)의 혼합일 경우

6th week 디자인 헤어펌 (곡선라인)

1. 디자인 헤어펌 준비하기
2. 디자인 헤어펌 시술하기
3. 디자인 헤어펌 마무리하기

학습내용(단원명)	수업 목표
디자인 헤어펌 〈곡선라인〉	• 사이드 모발의 흐름을 자연스럽게 뒤쪽으로 넘어갈 수 있도록 곡선라인 와인딩 기법으로 얼굴형에 맞게 디자인을 수행할 수 있다.

1. 디자인 헤어펌 준비하기

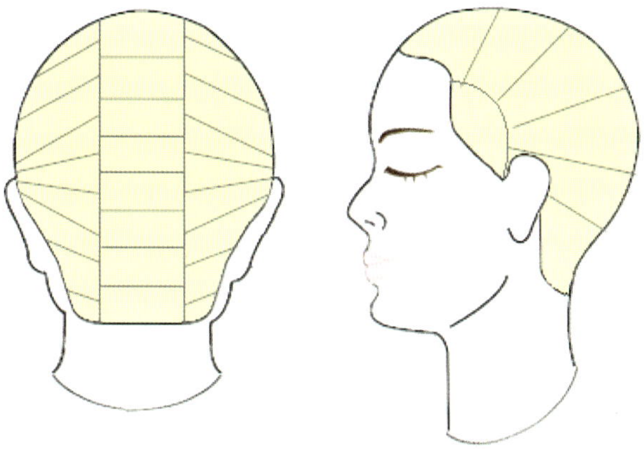

블로킹 및 섹션

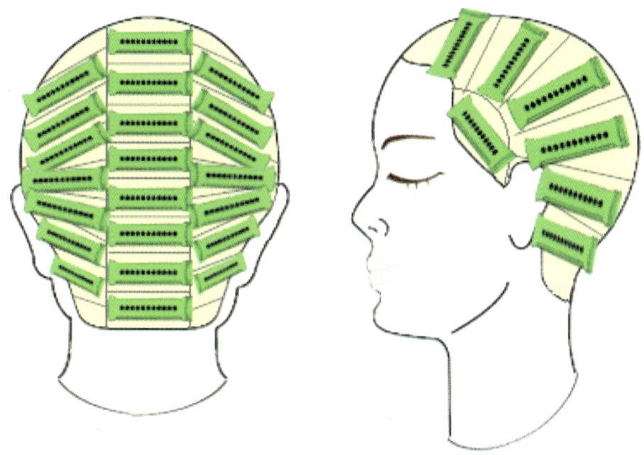

도해도

로드 및 도구

※ 모질의 상태에 따라 펌제 선택과 방치 시간은 조정되어야 함

<table>
<tr><th>모델 데이터</th><th>시술 내용</th></tr>
<tr><td>· 모델 나이 : 20대 초반
· 얼굴형태 : 타원형
· 외형적 특징 : 키 크고 통통
· 모발 길이 : 미디엄(28cm)
· 모발 굵기 : 보통
· 모량/질감 : 보통/보통
· 모발의 형태 : 직모
· 모발 손상 유무 : 보통
· 염색 및 웨이브 유무 : 염색모</td><td>· 시술 약액 : 치오
· 로드 호수 : 3호
· 시술 시간 : 자연방치 15분
· 와인딩 방법 : 크로키놀식
곡선라인 패턴</td></tr>
<tr><td>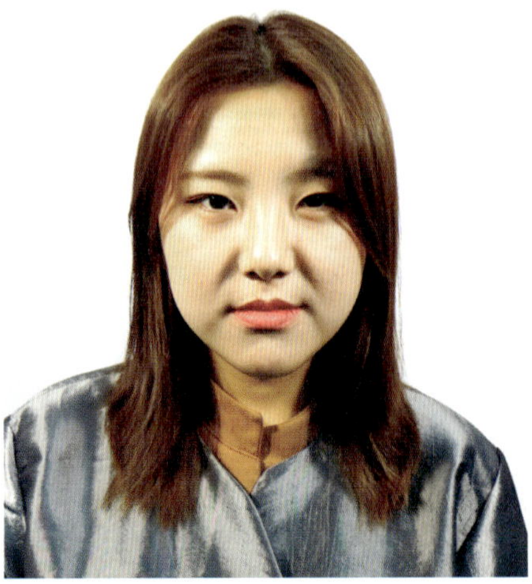</td><td></td></tr>
<tr><td>시술 전</td><td>시술 후</td></tr>
</table>

※ 모델에게 직접 시술 시 개인정보 수집 및 사전동의서, 미용 요금 상세주문내역서 P246 참고바람.

2. 디자인 헤어펌 시술하기

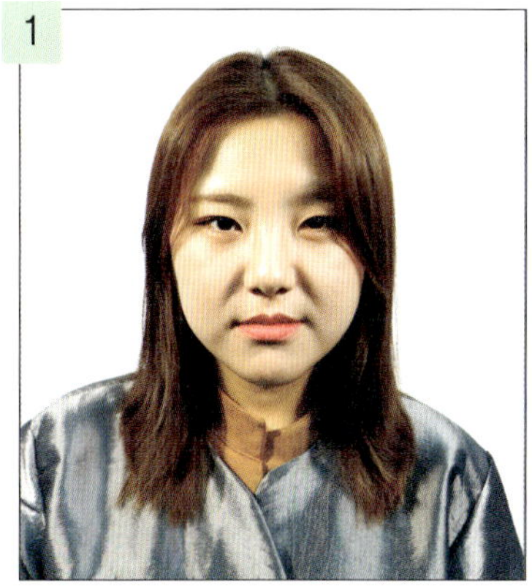

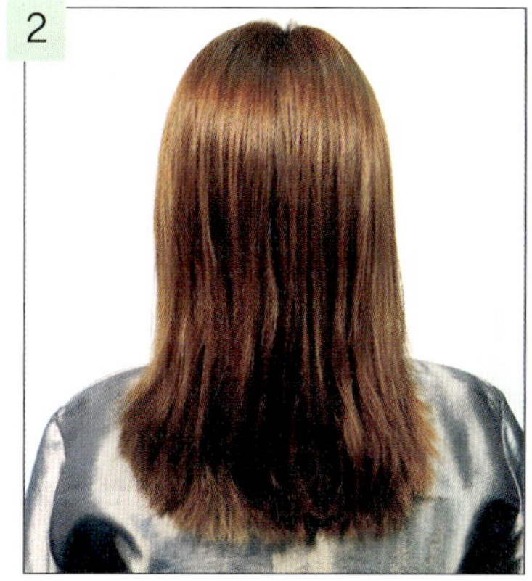

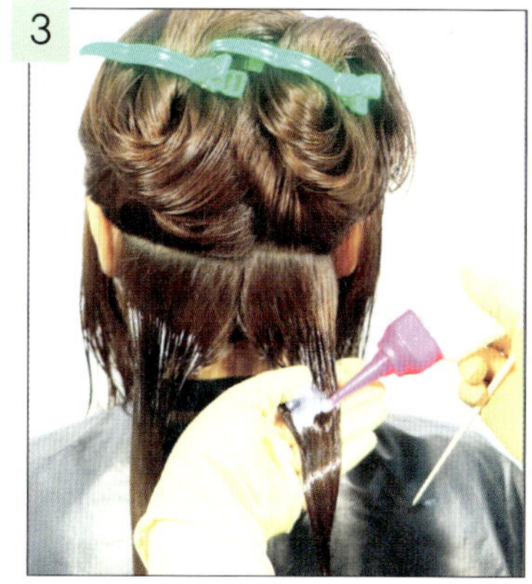

①~② 시술 전 헤어스타일

③~④ 모근에서 1.5cm 정도 떨어진 상태에서 2cm의 슬라이스 두께로 약액을 도포함

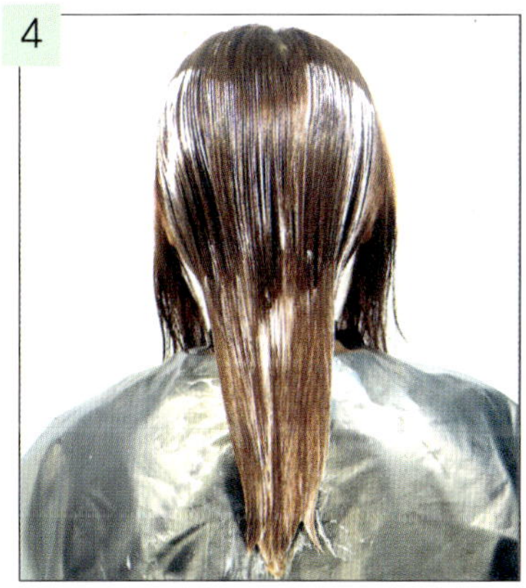

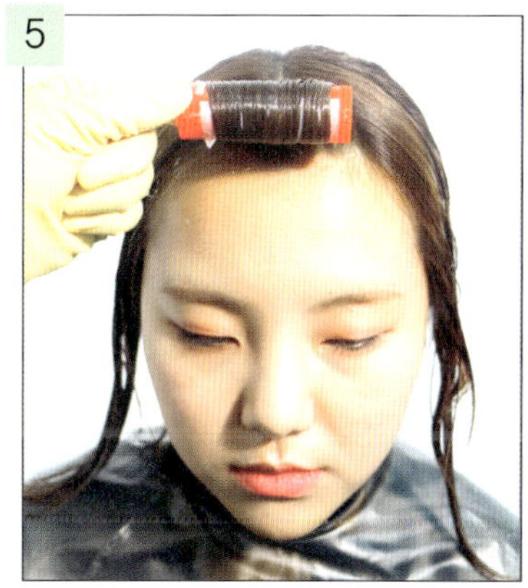

⑤ 앞머리는 자연스럽게 소롤로 와인딩을 진행함

⑥~⑨ 정중선 섹션은 기본 가로말기 패턴으로 로드 1.5직경의 슬라이스 두께로 와인딩을 진행함

10

11

12

⑩~⑭ 사이드와 백 사이드 부분은 뒤쪽으로 자연스럽게 웨이브를 형성하기 위해 전대각 섹션으로 와인딩을 진행함

13

14

15
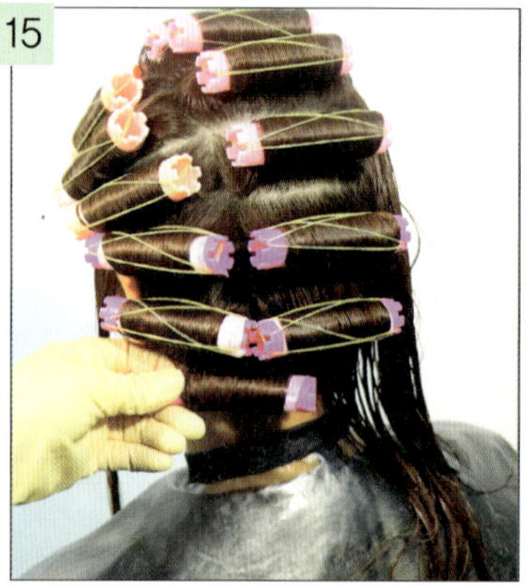

⑮ 네이프 한 단은 폭이 좁아 2개의 섹션으로 와인딩을 진행함

16

17

18

⑯ ~ ⑰ 사이드에 남은 한 섹션은 후대각 사선 말기로 와인딩을 진행함
⑱ 반대 쪽도 와인딩이 완성된 모습

19
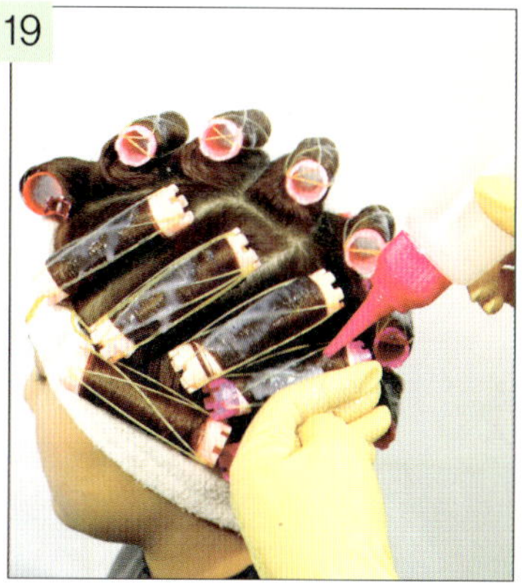
20
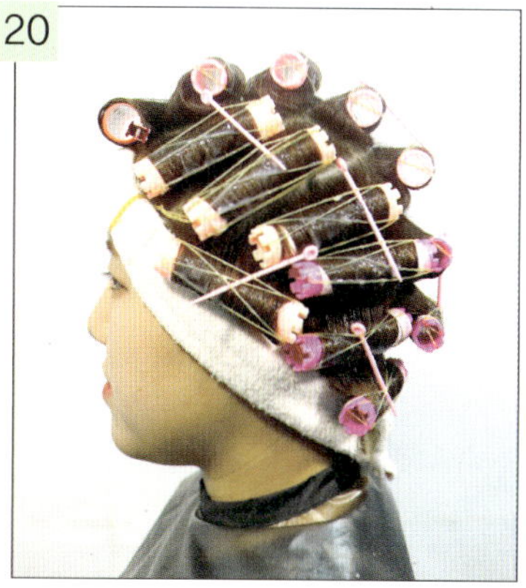
21
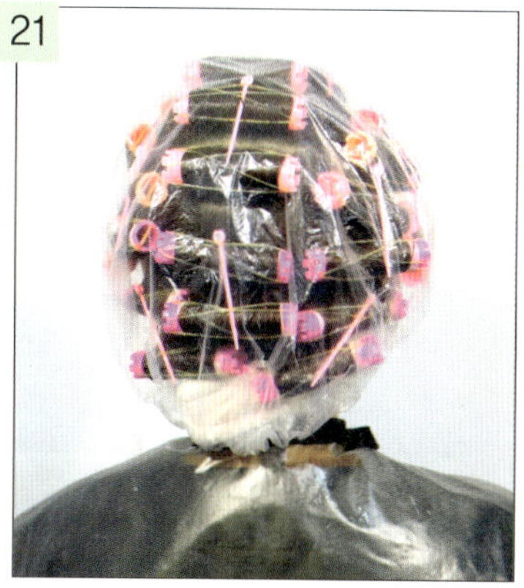

⑲ 와인딩이 끝나면 헤어밴드를 한 후 약액을 재도포함
⑳ 밴딩자국이 나지 않도록 스틱을 꽂음
㉑ 환원제 작용이 잘 이루어질 수 있도록 비닐캡을 씌움

22
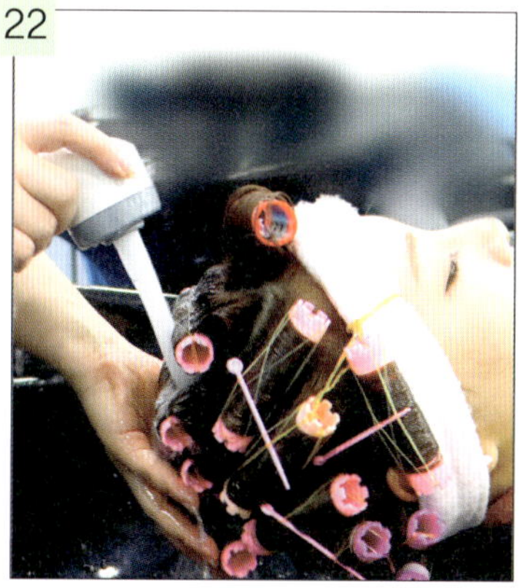
23

24

㉒ · 자연방치 15분 후
· 2제의 산화작용을 돕고 컬의 탄력과 손상예방을 위해 중간린스를 함
㉓~㉔ 중간린스 후에는 컬이 늘어지지 않도록 로드의 물기를 잘 제거해야 함

25

26

27
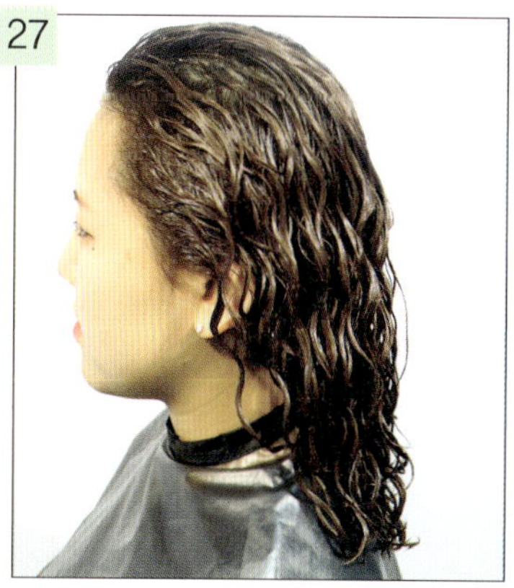

㉕ 물기가 제거되었으면 아래쪽에서 위쪽으로 중화를 진행함
(과산화수소 7분)
㉖~㉗ 로드아웃한 상태

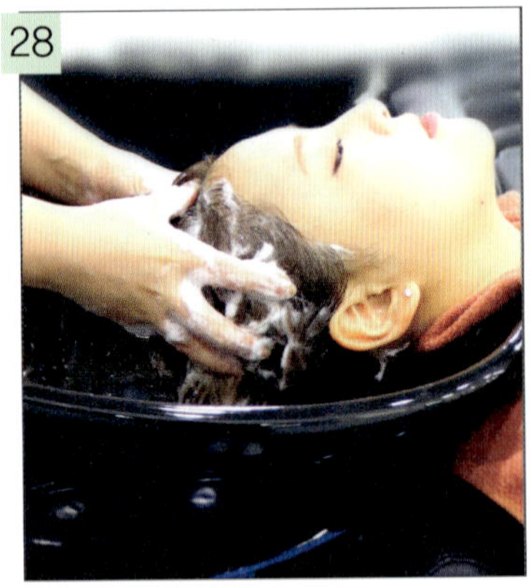

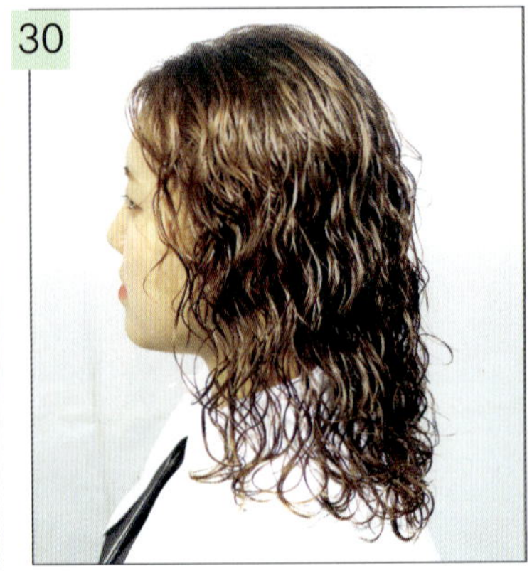

㉘ 산성샴푸로 샴푸를 한 후 린스로 마무리함
㉙ ~ ㉚ 샴푸 직후 모습

㉛ 드라이어로 수분 조절

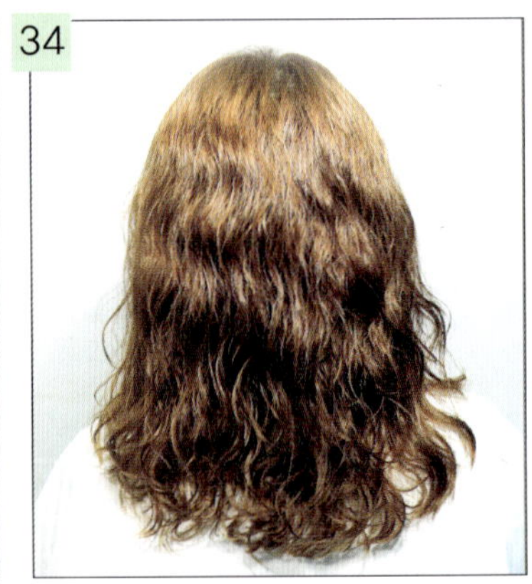

㉜ ~ ㉞ 스타일링 제품을 바르고 마무리한 상태

3. 디자인 헤어펌 마무리하기

앞(FRONT)

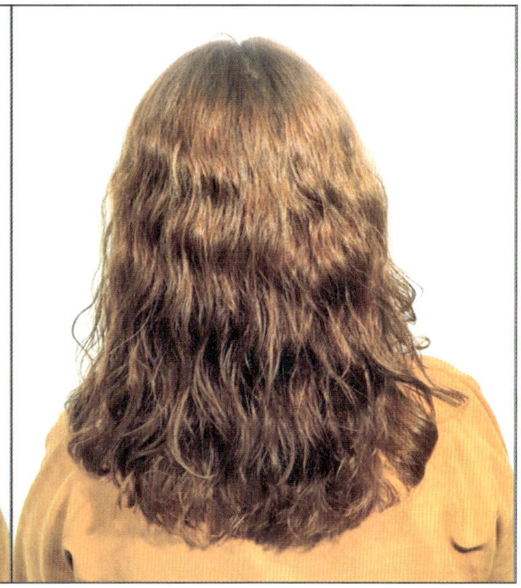

뒤(BACK)

오른쪽(RIGHT SIDE)

왼쪽(LEFT SIDE)

실습과정사진		
사 진		설 명
		• • •
		• • •
		• • •
		• • •
		• • •

실습완료사진

앞(FRONT)	뒤(BACK)
오른쪽(RIGHT SIDE)	왼쪽(LEFT SIDE)

단원평가

디자인 헤어펌 실습에 대한 장점과 단점 그리고 느낀 점을 쓰시오.

1. 장점

2. 단점

3. 느낀 점

학생 자가진단 및 교수평가

진단 영역	진 단 문 항	학생 평가					교수 평가				
		매우 미흡	미흡	보통	우수	매우 우수	매우 미흡	미흡	보통	우수	매우 우수
디자인 헤어펌 하기	1. 고객의 특성과 라이프스타일에 어울리는 디자인 헤어펌 이미지를 상담할 수 있다.	①	②	③	④	⑤	①	②	③	④	⑤
	2. 고객의 요구를 반영한 창의적인 헤어펌을 디자인할 수 있다.	①	②	③	④	⑤	①	②	③	④	⑤
	3. 디자인 연출을 위한 펌제와 다양한 로드를 선택할 수 있다.	①	②	③	④	⑤	①	②	③	④	⑤
	4. 다양한 와인딩 기법으로 디자인 헤어펌을 와인딩한 후 1제를 도포하고 처리시간을 설정할 수 있다.	①	②	③	④	⑤	①	②	③	④	⑤
	5. 원하는 디자인 펌의 웨이브형성을 테스트컬한 후 중화처리 할 수 있다.	①	②	③	④	⑤	①	②	③	④	⑤
디자인 헤어펌 마무리 하기	1. 헤어펌 유형에 따라 로드 오프하여 마무리 세척할 수 있다.	①	②	③	④	⑤	①	②	③	④	⑤
	2. 헤어펌 유형에 따라 헤어스타일링을 위해 모발에 잔여 수분함량을 조절할 수 있다.	①	②	③	④	⑤	①	②	③	④	⑤
	3. 헤어스타일 연출 제품을 사용하여 마무리할 수 있다.	①	②	③	④	⑤	①	②	③	④	⑤
	4. 고객에게 홈케어 방법을 설명하고 필요한 제품을 추천할 수 있다.	①	②	③	④	⑤	①	②	③	④	⑤

[진단결과]

진단영역	문항 수	점수	점수 ÷ 문항 수	문항 수	점수	점수 ÷ 문항 수
디자인 헤어펌하기	5			5		
디자인 헤어펌 마무리하기	4			4		
합 계	9			9		

* 자신의 점수를 문항 수로 나눈 값이 '3점' 이하에 해당하는 영역은 업무를 성공적으로 수행하는 데 요구되는 능력이 부족하다는 의미이므로 교육훈련이나 개인학습을 통한 개발이 필요함

[교수자 피드백]

얼굴형과 모발 길이에 따른 〈디자인 헤어펌〉

예시) 둥근형 얼굴형에 따른 모발 길이와 시술내용 분석

<table>
<tr><th>모발의 길이</th><th>이미지 사진</th><th>시술내용분석</th></tr>
<tr><td rowspan="2">숏</td><td rowspan="2"></td><td>모발조건 : 건강모일 경우</td></tr>
<tr><td></td></tr>
<tr><td rowspan="2">미디엄</td><td rowspan="2"></td><td>모발조건 : 손상모일 경우</td></tr>
<tr><td></td></tr>
<tr><td rowspan="2">롱</td><td rowspan="2"></td><td>모발조건 : 신생모(건강모)+기염부(손상모)의 혼합일 경우</td></tr>
<tr><td></td></tr>
</table>

7th week 디자인 헤어펌 (뿌리 파마 & 인덴테이션 패턴)

1. 디자인 헤어펌 준비하기
2. 디자인 헤어펌 시술하기
3. 디자인 헤어펌 마무리하기

학습내용(단원명)	수업 목표
디자인 헤어펌 〈뿌리 파마 & 인덴테이션〉	• 가늘고 숱이 없는 모발에 부분적으로 뿌리 파마를 시술하고, 모발 끝 부분을 인덴테이션 와인딩으로 시술하여 발랄한 이미지로 디자인을 수행할 수 있다.

1. 디자인 헤어펌 준비하기

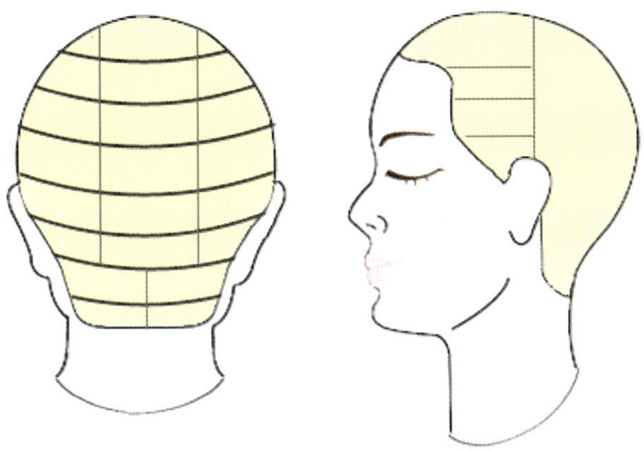

블로킹 및 섹션

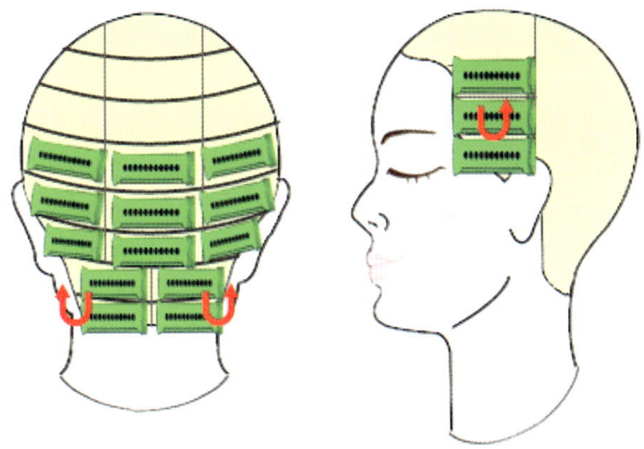

도해도

로드 및 도구

※ 모질의 상태에 따라 펌제 선택과 방치 시간은 조정되어야 함

<table>
<tr><th>모델 데이터</th><th>시술 내용</th></tr>
<tr><td>
• 모델 나이 : 30대 후반
• 얼굴형태 : 장방형
• 외형적 특징 : 키 크고 통통
• 모발 길이 : 미디엄(20cm)
• 모발 굵기 : 보통
• 모량/질감 : 적음/적음
• 모발의 형태 : 파상모
• 모발 손상 유무 : 보통
• 염색 및 웨이브 유무 : 염색모
</td><td>
• 시술 약액 : 시스테인
• 로드 호수 : 유니온 씽 로드 4, 5, 6, 7호
• 시술 시간 : 열처리 5분/자연방치 10분
• 와인딩 방법 : 뿌리 파마 & 인덴테이션 패턴
</td></tr>
<tr><td>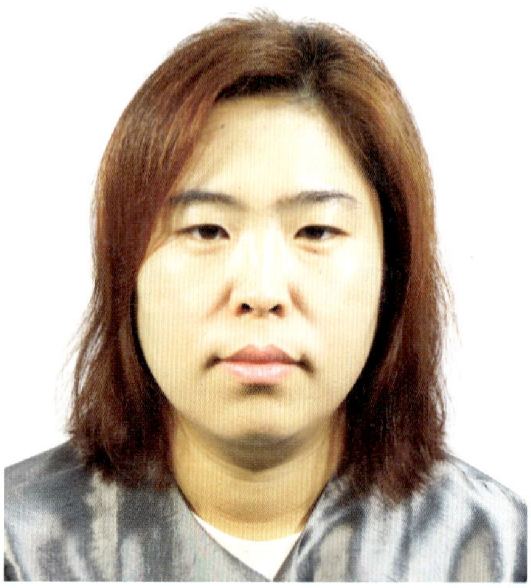</td><td>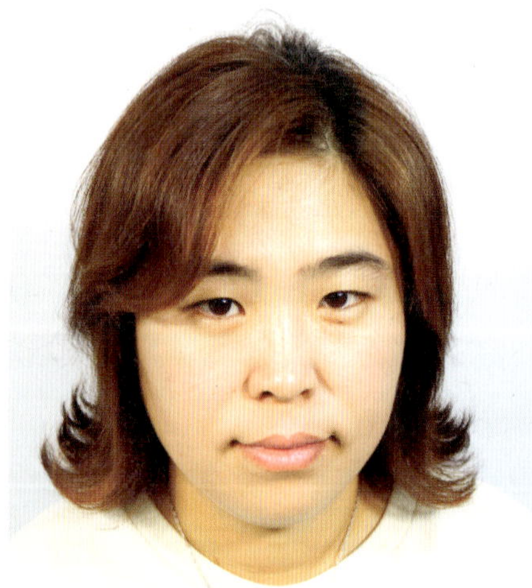</td></tr>
<tr><td>시술 전</td><td>시술 후</td></tr>
</table>

※ 모델에게 직접 시술 시 개인정보 수집 및 사전동의서, 미용 요금 상세주문내역서 P246 참고바람.

2. 디자인 헤어펌 시술하기

1
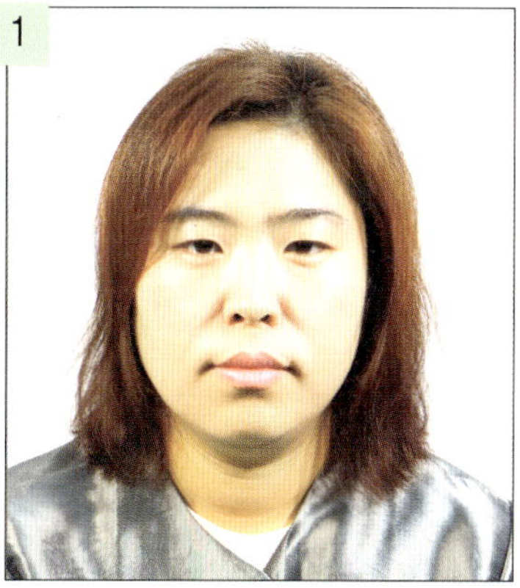
2
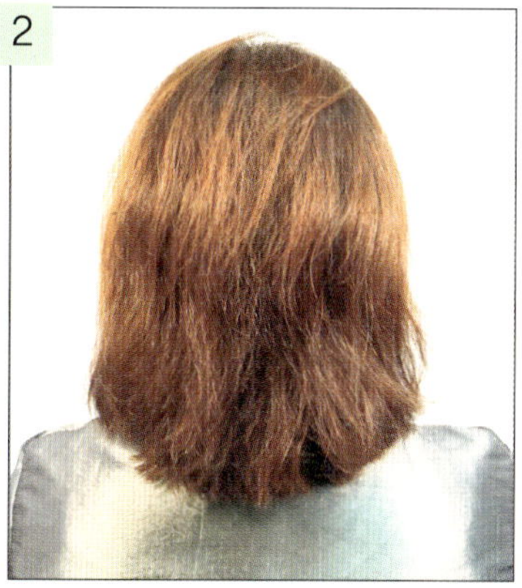
3
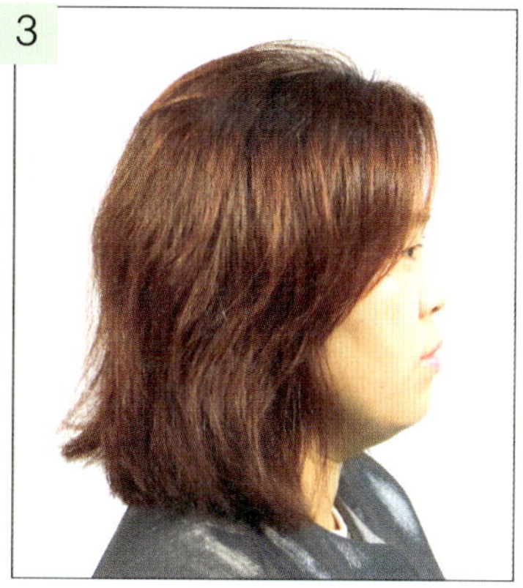

①~③ 시술 전 헤어스타일

4
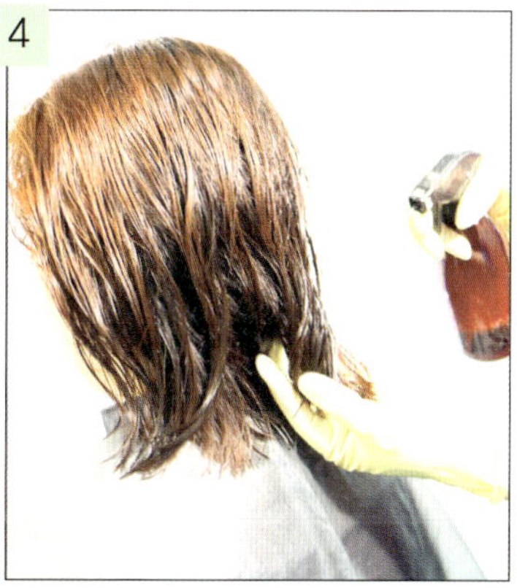
5
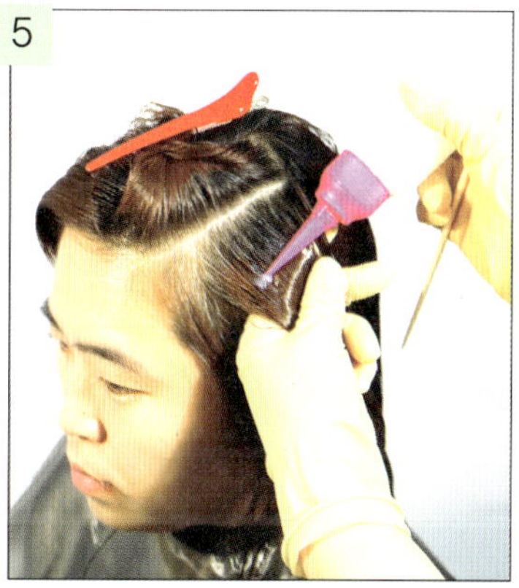
6

④ 모발 손상을 예방하기 위해 전처리제 도포
⑤ 사이드 뿌리 볼륨을 살리기 위해 약액을 도포 후 뿌리 파마 와인딩을 진행함

7

8

9

⑥~⑨ 슬라이스 두께는 0.5mm 내외로 모빌을 얇게 떠서 한바퀴 빈에서 두바퀴 정도 뿌리 부분만 와인딩을 진행함

10

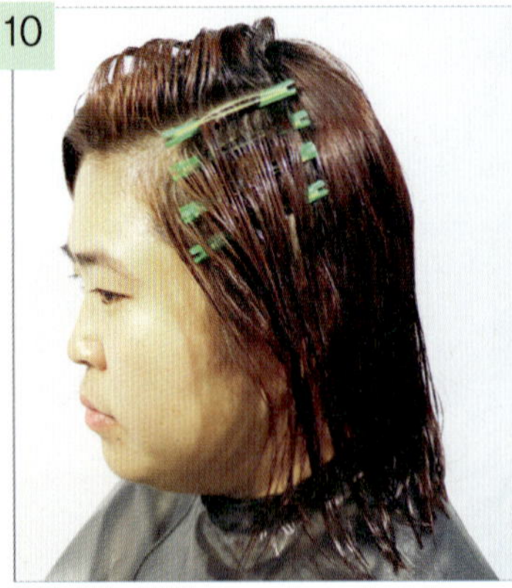

11

12

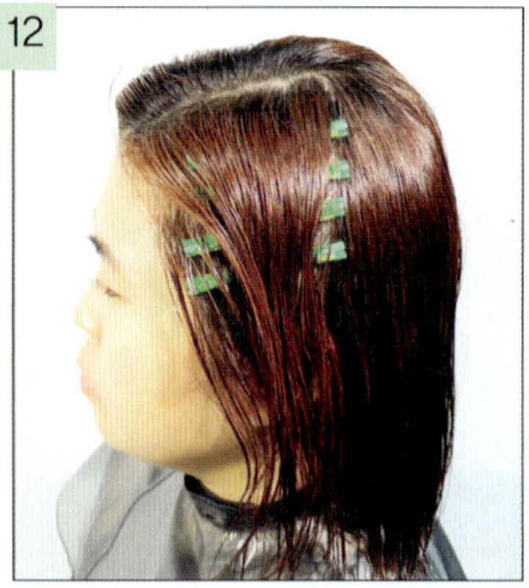

⑩ 사이드 뿌리 파마 와인딩이 끝난 상태
⑪ 약액을 로드 위에 다시 재도포함
⑫ 뿌리 파마 시술 시 가르마를 중심으로 2~3cm 정도 덮일 모발을 남겨두고 그 아래부터 시술함

13

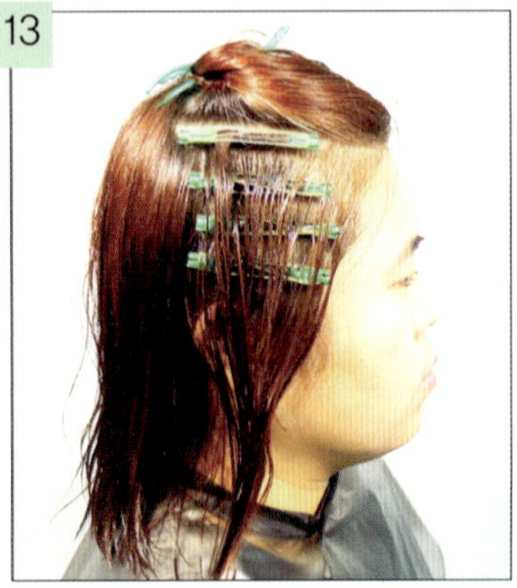

14

15

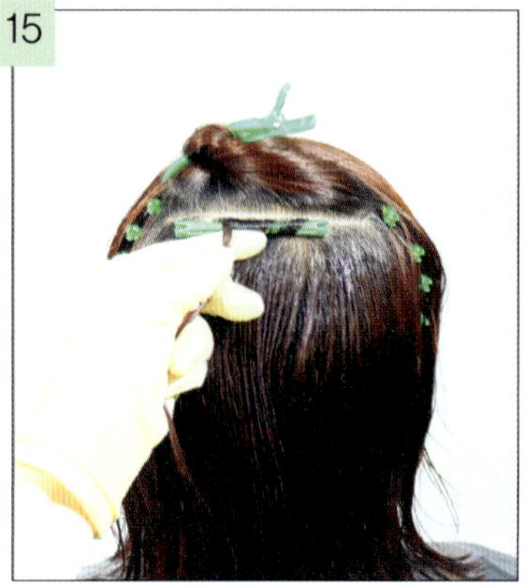

⑬ 반대쪽 사이드도 완성된 상태
⑭ 백 쪽에도 동일한 방법으로 진행함

16

17

18

⑯~⑱ 뿌리 파마 와인딩의 또 다른 방법 : 양쪽으로 모발을 나누어 각각 로드에 와인딩을 진행함(양쪽 웨이브가 균등함)

19

20

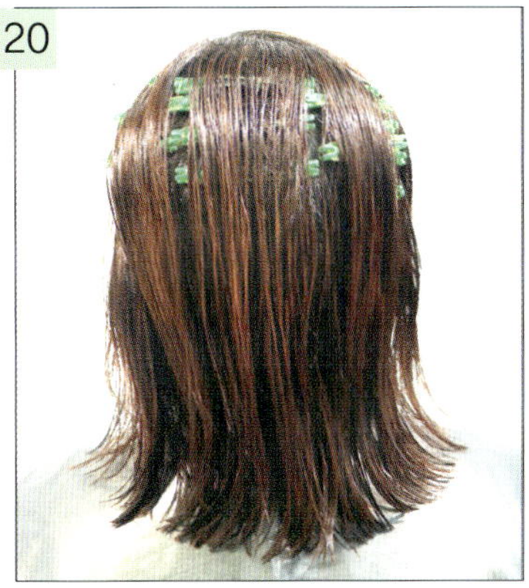

21

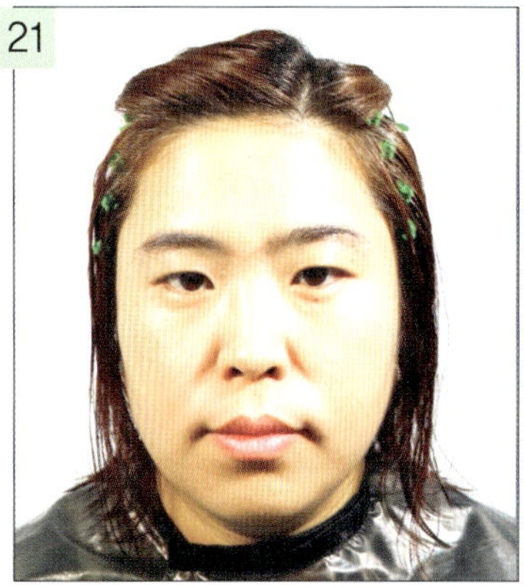

⑳~㉑ 뿌리 파마 시술이 끝난 상태

22

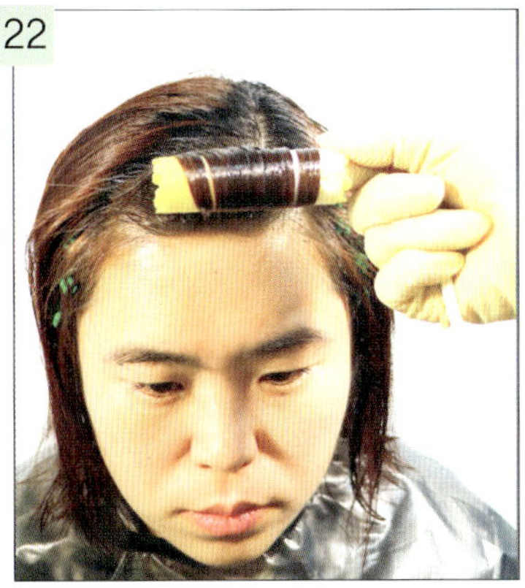

23

24

㉒ 앞머리는 자연스럽게 소롤로 와인딩을 진행함
㉓ 백 네이프 영역은 섹션을 2개로 나누어 인덴테이션 와인딩으로 진행함(2바퀴 정도)

25

26

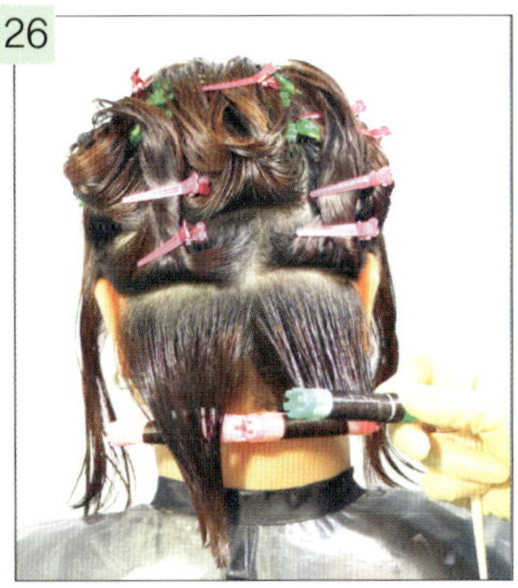

27

㉕~㉗ 첫 단 : 7호, 두 번째 단 : 6호로 와인딩을 진행함

28

29

30

㉘~㉙ 세 번째 단은 두상이 넓은 영역이므로 세 개의 섹션을 나누어 6호로 와인딩을 진행함

㉚ 네 번째단 : 5호, 다섯 번째, 여섯 번째 단 : 4호

31

32

33
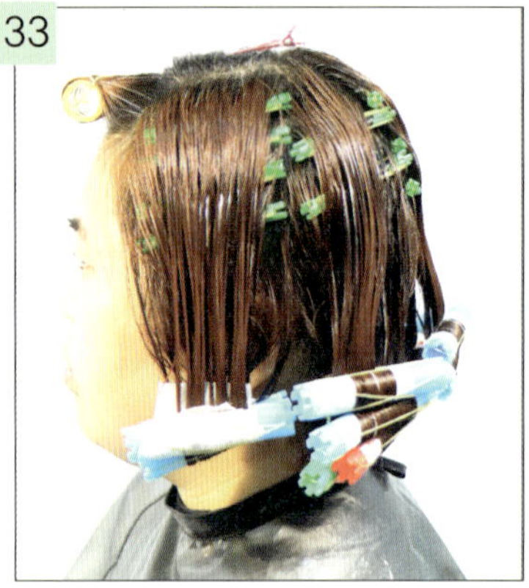

㉛~㉜ 사이드도 4호로 와인딩을 진행함

㉝~㉞ 와인딩이 끝난 상태

34
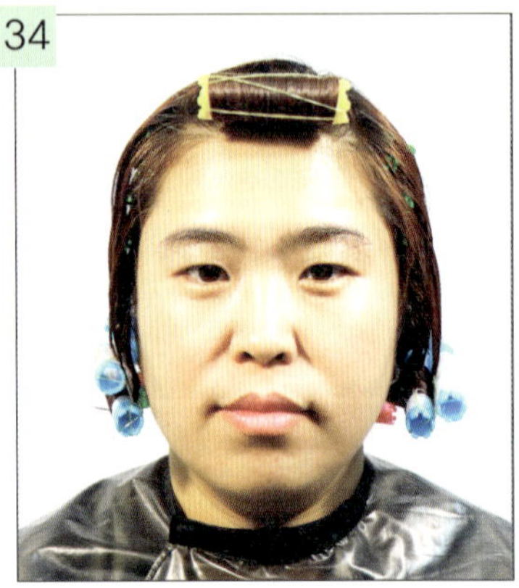
35

36
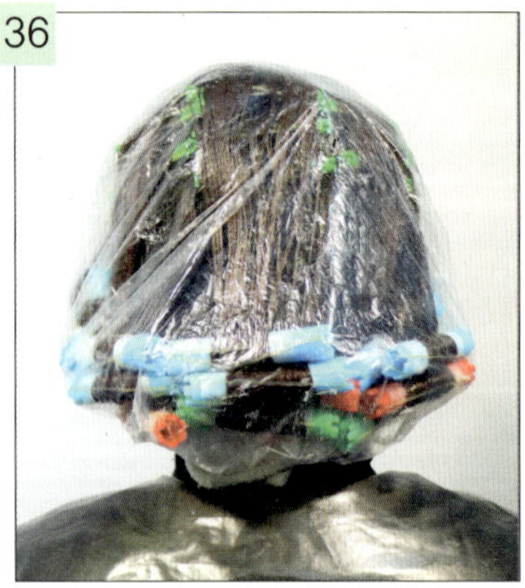

㉟ 와인딩이 끝난 후 약액을 재도포함

㊱ 환원제 작용이 잘 이루어질 수 있도록 비닐캡을 씌움

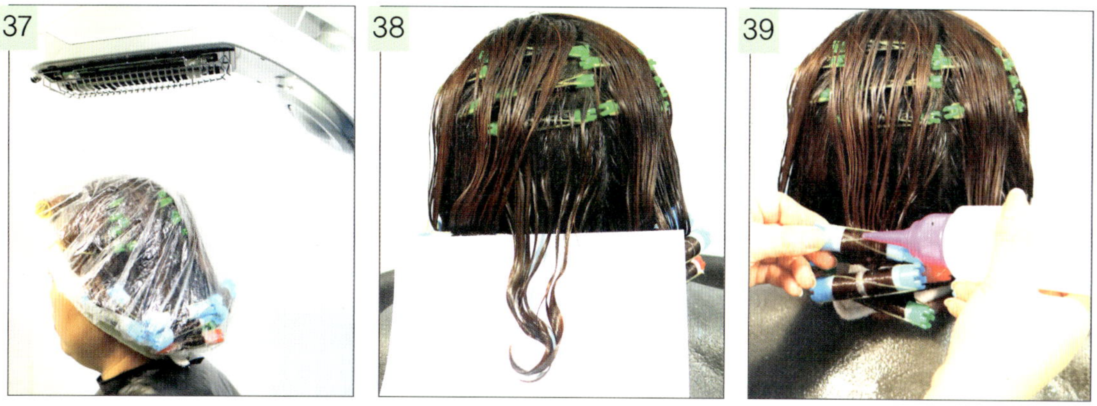

㊲ 열처리 5분 후 자연방치 10분
㊳ 컬 테스트를 진행 함
㊴ 중화를 진행함(과산화수소 7분)

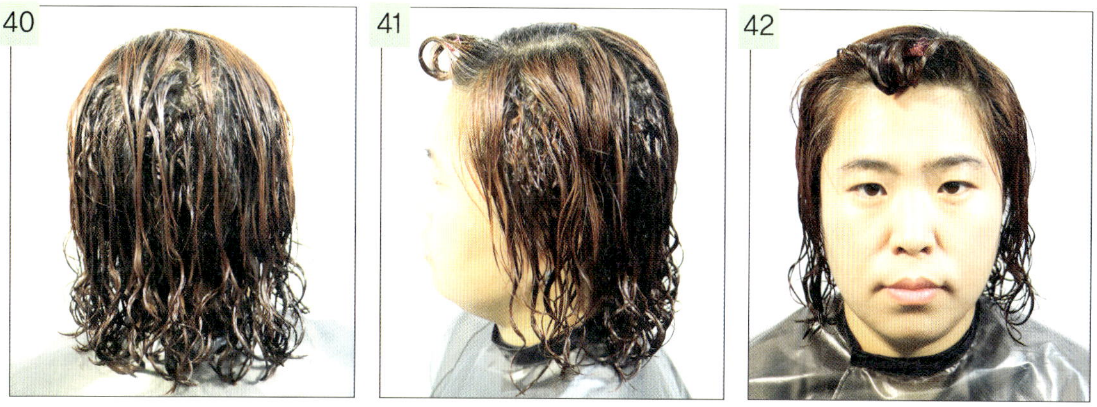

㊵~㊷ 로드를 아웃한 상태

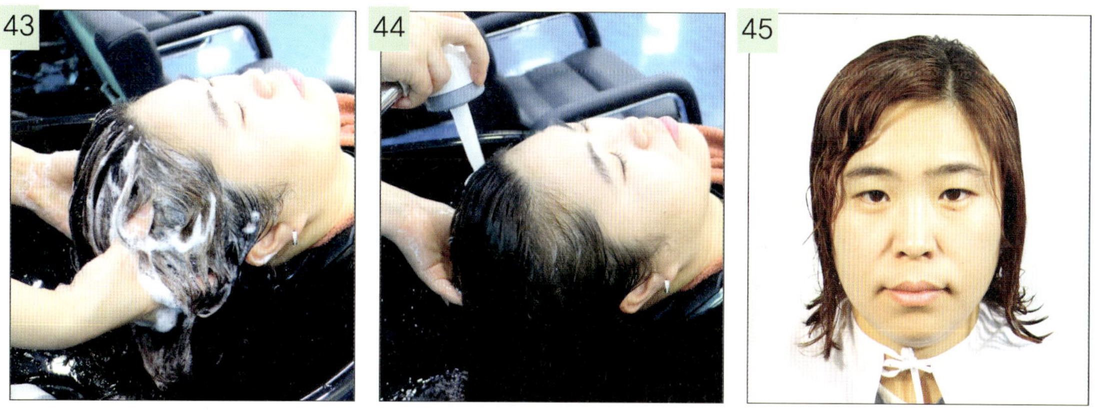

㊸~㊹ 산성샴푸로 샴푸를 하고 린스로 마무리함
㊺~㊼ 샴푸 직후 모습

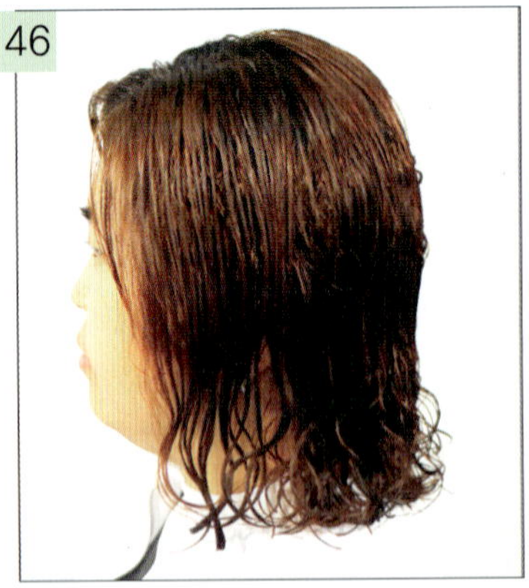

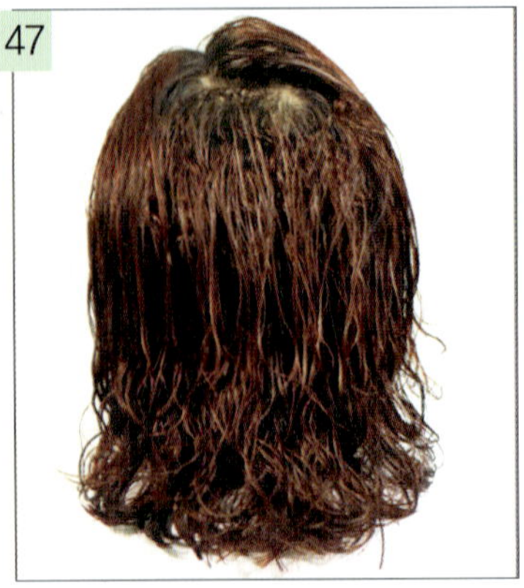

㊽ 수분을 조절할 때도 인덴테이션 손 모양으로 건조를 시켜줌

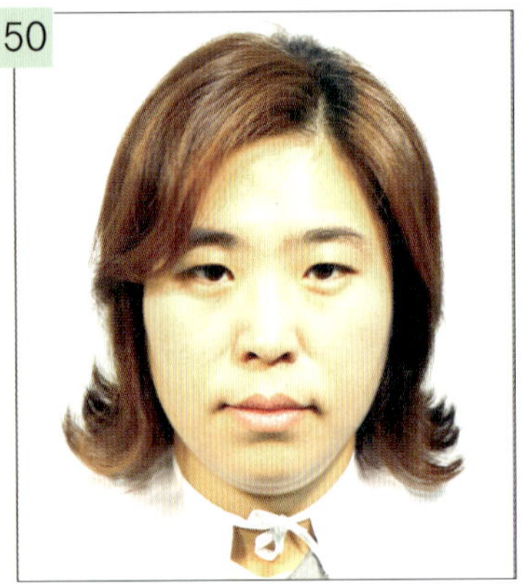

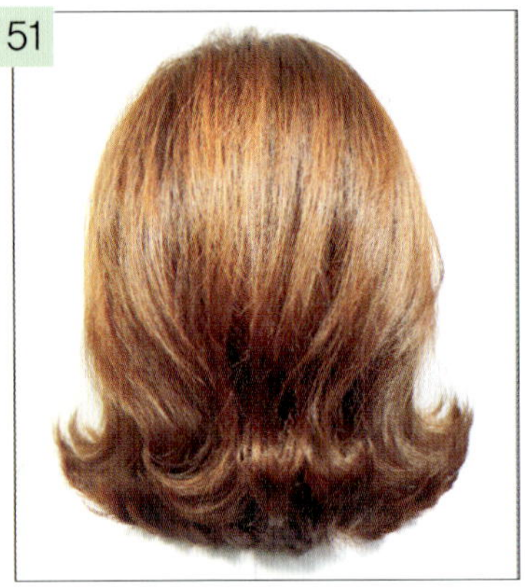

㊾ 백 부분 뿌리 파마가 완성된 모습

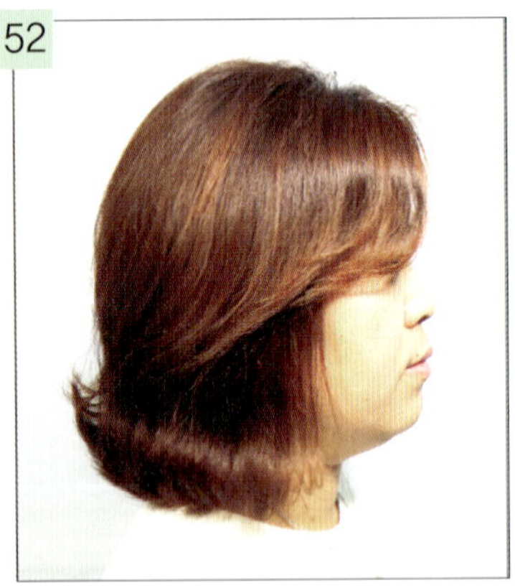

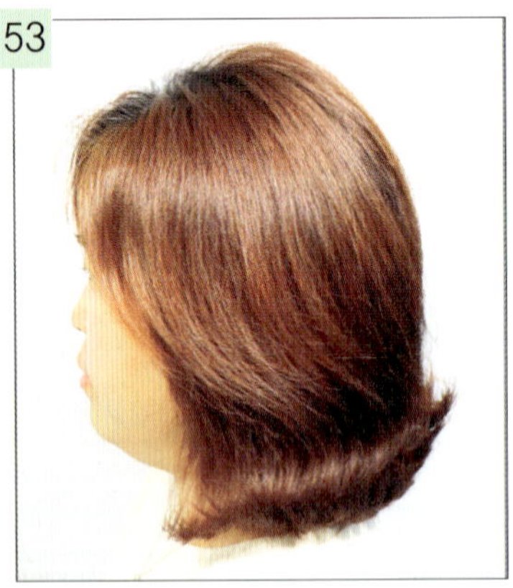

㊿~53 에센스를 도포한 후 마무리한 상태

3. 디자인 헤어펌 마무리하기

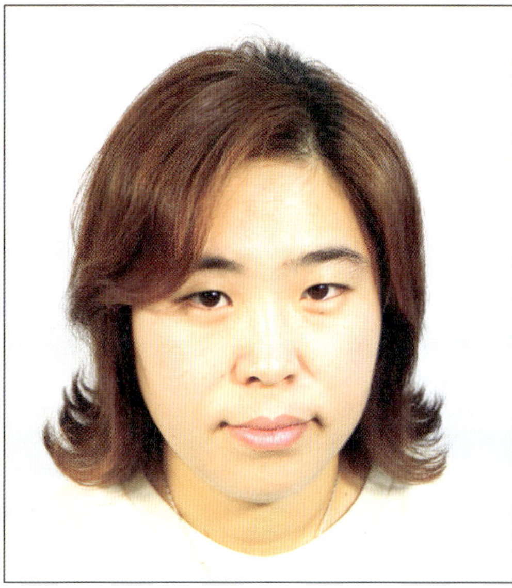

앞(FRONT)

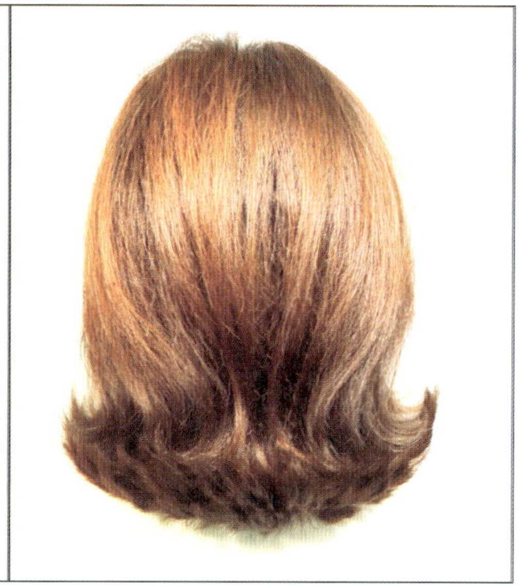

뒤(BACK)

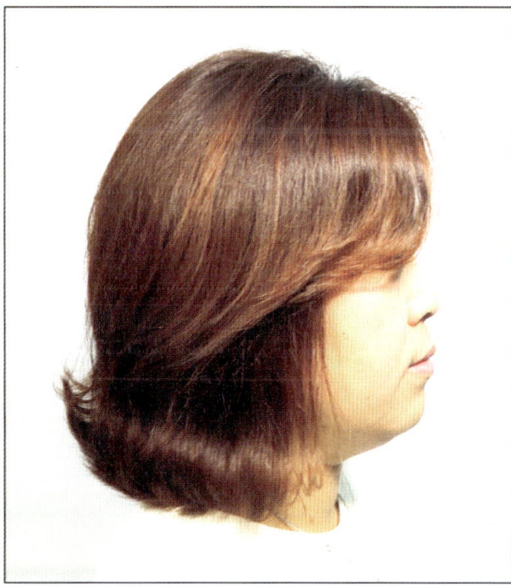

오른쪽(RIGHT SIDE)

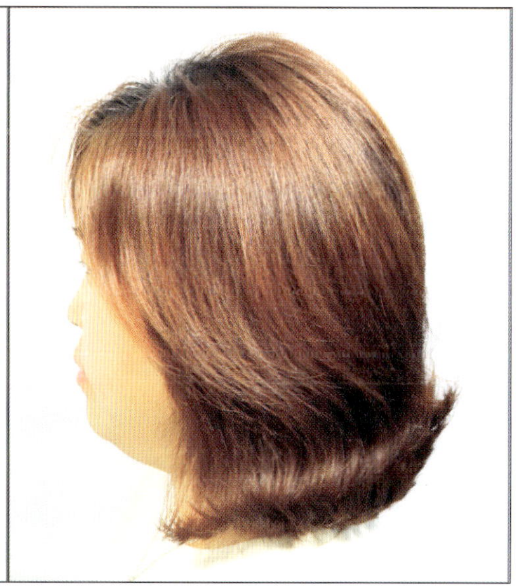

왼쪽(LEFT SIDE)

실습과정사진

사 진		설 명
		• • •
		• • •
		• • •
		• • •
		• • •

실습완료사진	
앞(FRONT)	뒤(BACK)
오른쪽(RIGHT SIDE)	왼쪽(LEFT SIDE)

단원평가

디자인 헤어펌 실습에 대한 장점과 단점 그리고 느낀 점을 쓰시오.

1. 장점

2. 단점

3. 느낀 점

학생 자가진단 및 교수평가

진단 영역	진 단 문 항	학생 평가					교수 평가				
		매우 미흡	미흡	보통	우수	매우 우수	매우 미흡	미흡	보통	우수	매우 우수
디자인 헤어펌 하기	1. 고객의 특성과 라이프스타일에 어울리는 디자인 헤어펌 이미지를 상담할 수 있다.	①	②	③	④	⑤	①	②	③	④	⑤
	2. 고객의 요구를 반영한 창의적인 헤어펌을 디자인할 수 있다.	①	②	③	④	⑤	①	②	③	④	⑤
	3. 디자인 연출을 위한 펌제와 다양한 로드를 선택할 수 있다.	①	②	③	④	⑤	①	②	③	④	⑤
	4. 다양한 와인딩 기법으로 디자인 헤어펌을 와인딩한 후 1제를 도포하고 처리 시간을 설정할 수 있다.	①	②	③	④	⑤	①	②	③	④	⑤
	5. 원하는 디자인 펌의 웨이브형성을 테스트컬한 후 중화처리 할 수 있다.	①	②	③	④	⑤	①	②	③	④	⑤
디자인 헤어펌 마무리 하기	1. 헤어펌 유형에 따라 로드 오프하여 마무리 세척할 수 있다.	①	②	③	④	⑤	①	②	③	④	⑤
	2. 헤어펌 유형에 따라 헤어스타일링을 위해 모발에 잔여 수분함량을 조절할 수 있다.	①	②	③	④	⑤	①	②	③	④	⑤
	3. 헤어스타일 연출 제품을 사용하여 마무리할 수 있다.	①	②	③	④	⑤	①	②	③	④	⑤
	4. 고객에게 홈케어 방법을 설명하고 필요한 제품을 추천할 수 있다.	①	②	③	④	⑤	①	②	③	④	⑤

[진단결과]

진단영역	문항 수	점수	점수 ÷ 문항 수	문항 수	점수	점수 ÷ 문항 수
디자인 헤어펌하기	5			5		
디자인 헤어펌 마무리하기	4			4		
합 계	9			9		

* 자신의 점수를 문항 수로 나눈 값이 '3점' 이하에 해당하는 영역은 업무를 성공적으로 수행하는 데 요구되는 능력이 부족하다는 의미이므로 교육훈련이나 개인학습을 통한 개발이 필요함

[교수자 피드백]

얼굴형과 모발 길이에 따른 〈디자인 헤어펌〉

예시) 장방형 얼굴형에 따른 모발 길이와 시술내용 분석

<table>
<tr><th>모발의 길이</th><th>이미지 사진</th><th>시술내용분석</th></tr>
<tr><td rowspan="2">숏</td><td rowspan="2"></td><td>모발조건 : 건강모일 경우</td></tr>
<tr><td></td></tr>
<tr><td rowspan="2">미디엄</td><td rowspan="2"></td><td>모발조건 : 손상모일 경우</td></tr>
<tr><td></td></tr>
<tr><td rowspan="2">롱</td><td rowspan="2"></td><td>모발조건 : 신생모(건강모)+기염부 (손상모)의 혼합일 경우</td></tr>
<tr><td></td></tr>
</table>

8th week 디자인 헤어펌 (기본 스파이럴)

1. 디자인 헤어펌 준비하기
2. 디자인 헤어펌 시술하기
3. 디자인 헤어펌 마무리하기

학습내용(단원명)	수업 목표
디자인 헤어펌 〈기본 스파이럴〉	• 율동감 없는 긴 생머리에 기본 스파이럴 와인딩 기법으로 시술하여 원하는 위치까지 웨이브를 균일하게 수행할 수 있다.

1. 디자인 헤어펌 준비하기

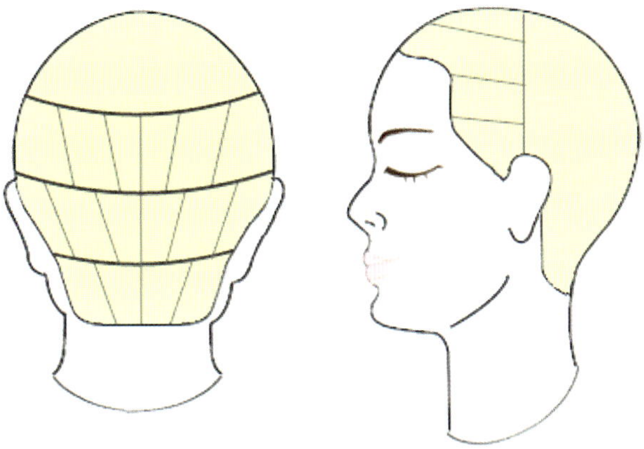

블로킹 및 섹션

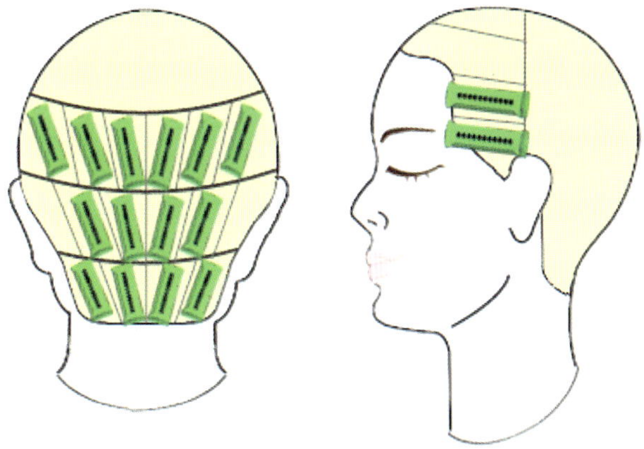

도해도

로드 및 도구

※ 모질의 상태에 따라 펌제 선택과 방치 시간은 조정되어야 함

<table>
<tr><th>모델 데이터</th><th>시술 내용</th></tr>
<tr><td>
• 모델 나이 : 20대 초반
• 얼굴형태 : 둥근형
• 외형적 특징 : 키 크고 통통한 체형
• 모발 길이 : 롱(40cm)
• 모발 굵기 : 중간 모발
• 모량/질감 : 많음/가벼움
• 모발의 형태 : 파상모
• 모발 손상 유무 : 적음
• 염색 및 웨이브 유무 : 3개월 전 웨이브 시술
</td><td>
• 시술 약액 : 치오
• 로드 호수 : 1,2,3호
• 시술 시간 : 열처리 10분/ 자연방치 10분
• 와인딩 방법: 기본 스파이럴식 와인딩
</td></tr>
<tr><td></td><td></td></tr>
<tr><td>시술 전</td><td>시술 후</td></tr>
</table>

※ 모델에게 직접 시술 시 개인정보 수집 및 사전동의서, 미용 요금 상세주문내역서(P.246) 참고 바람.

2. 디자인 헤어펌 시술하기

1

2
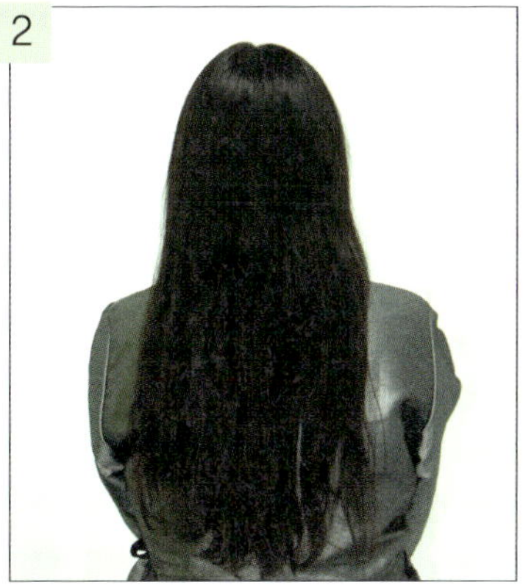
3

①~② 시술 전 헤어스타일

4

5
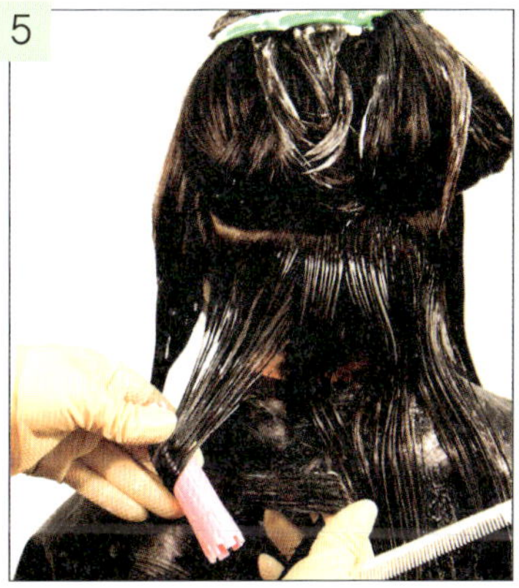
6

③~④ 치오 약액 도포(두피에서 10cm 아래반 노포)
⑤~⑥ 사선 섹션으로 모근에서 10cm 아래부터 포워드 방향 기본 스파이럴 와인딩을 진행 함

7

8

9

⑦~⑨ 백, 사이드 1차 도포가 끝난 상태

⑩ 네이프 우측에도 포워드 방향으로 기본 스파이럴 와인딩을 진행 함

⑪~⑭ 두 번째 단은 5개의 섹션을 나누어 정중선을 기점으로 얼굴 방향인 포워드 방향으로 와인딩함

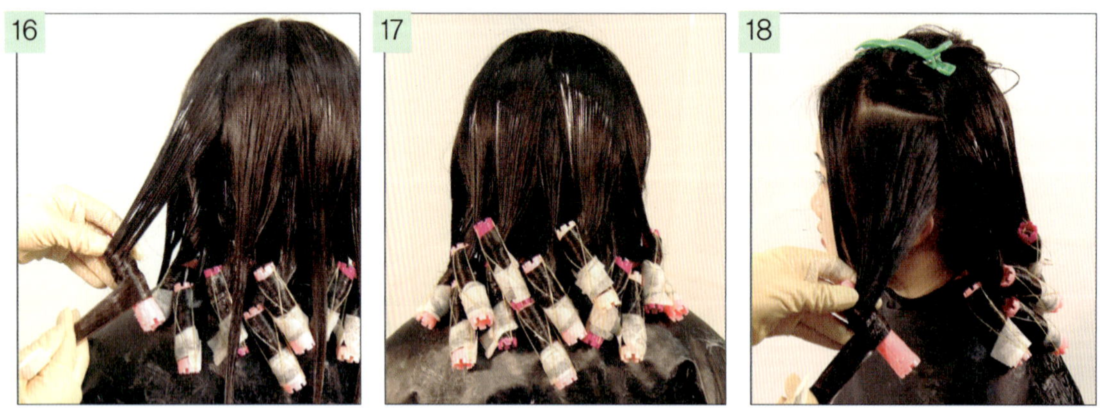

⑮~⑰ 마지막 단은 4개의 섹션을 나누어 포워드 방향 스파이럴로 와인딩 진행

19

20

21

⑱~㉑ 사이드는 후대각 섹션으로 포워드 방향 스파이럴로 와인딩 진행

22

23

24

㉒~㉓ 반대쪽도 동일하게 진행
㉔~㉕ 앞머리는 리버스 방향으로 와인딩 진행

25

26

27

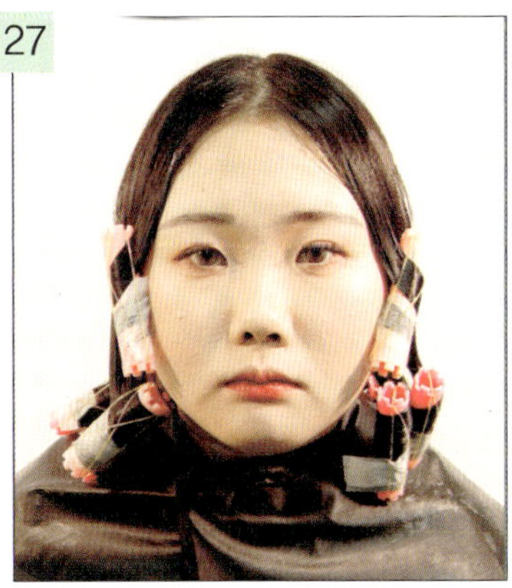

㉖ 반대쪽도 동일하게 진행

28

29
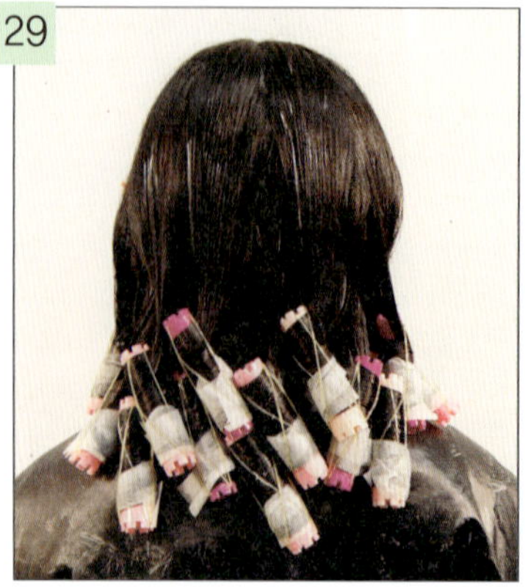

30

㉗~㉚ 전체 와인딩이 끝난 상태

31

32
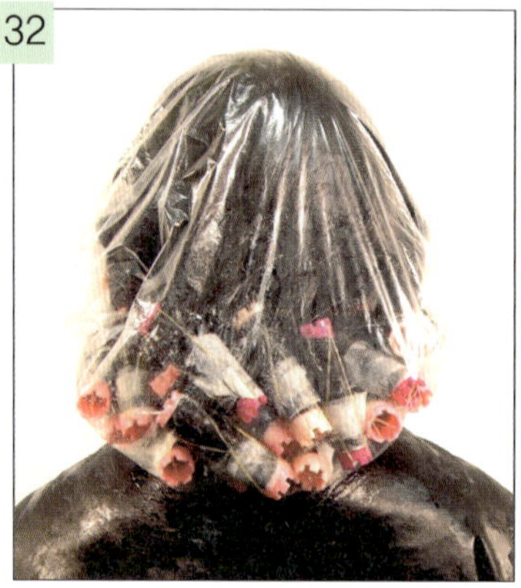

33
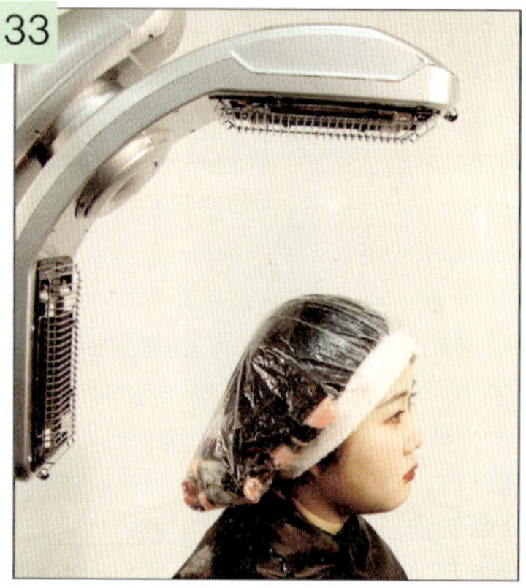

㉛ 헤어밴드를 하고 약액을 재도포함
㉜ 환원제 작용이 잘 이루어질 수 있도록 비닐캡을 씌움
㉝ 열처리 10분 / 자연방치 10분

34
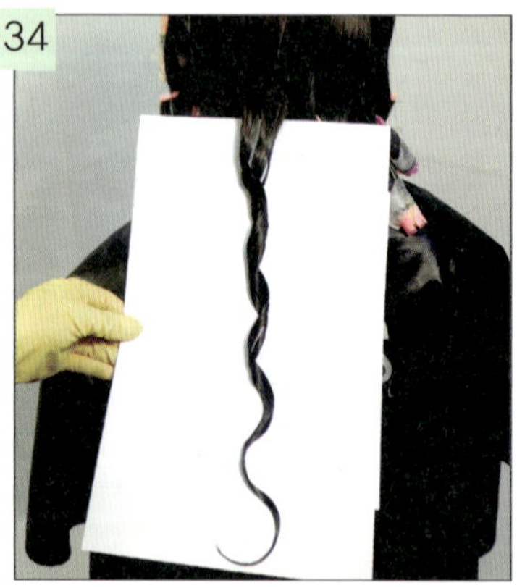

35
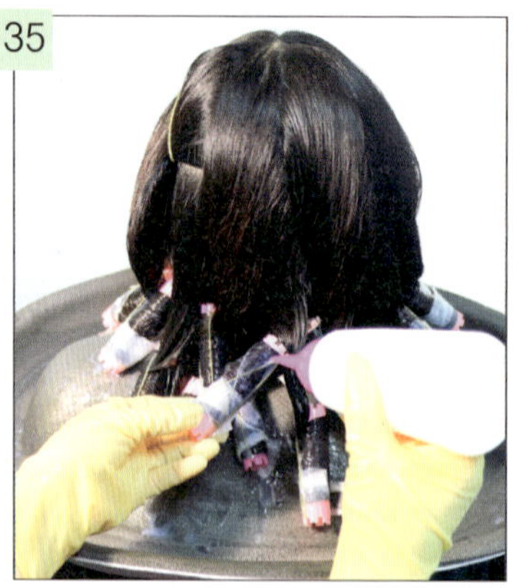

36

㉞ 컬 테스트를 진행함
㉟ 중화를 진행함(과산화수소 7분)
㊱ 로드 아웃한 상태

37

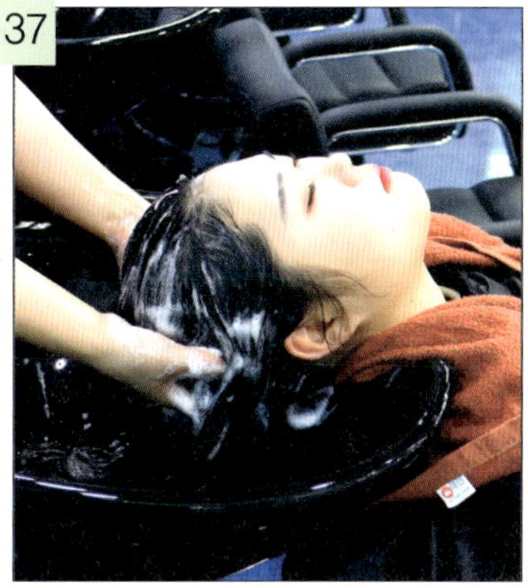

38

39

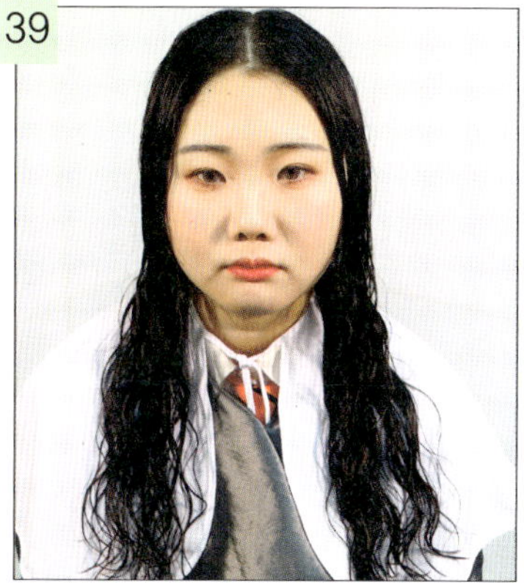

㊲ 산성샴푸로 샴푸 후 린스로 마무리
㊳~㊴ 샴푸 직후 모습

40

41

㊵ 드라이로 수분 조절
㊶ 스타일링제품을 바르고 마무리

42

43

㊷~㊸ 스타일링으로 마무리한 상태

3. 디자인 헤어펌 마무리하기

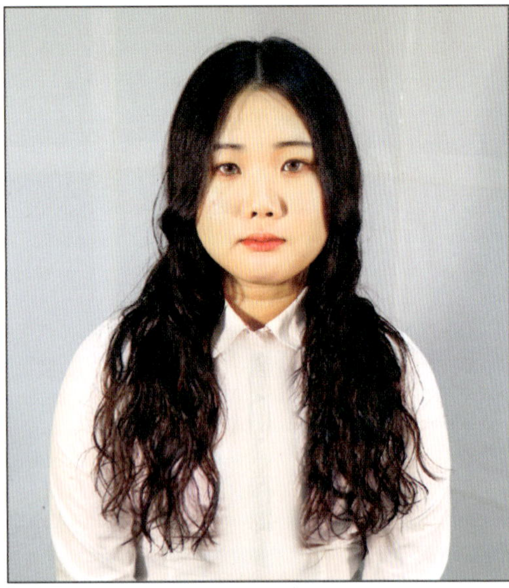

앞(FRONT)

뒤(BACK)

오른쪽(RIGHT SIDE)

왼쪽(LEFT SIDE)

실습과정사진

사 진		설 명
		• • •
		• • •
		• • •
		• • •
		• • •

실습완료사진	
앞(FRONT)	뒤(BACK)
오른쪽(RIGHT SIDE)	왼쪽(LEFT SIDE)

단원평가

디자인 헤어펌 실습에 대한 장점과 단점 그리고 느낀 점을 쓰시오.

1. 장점

2. 단점

3. 느낀 점

학생 자가진단 및 교수평가

진단 영역	진 단 문 항	학생 평가					교수 평가				
		매우 미흡	미흡	보통	우수	매우 우수	매우 미흡	미흡	보통	우수	매우 우수
디자인 헤어펌 하기	1. 고객의 특성과 라이프스타일에 어울리는 디자인 헤어펌 이미지를 상담할 수 있다.	①	②	③	④	⑤	①	②	③	④	⑤
	2. 고객의 요구를 반영한 창의적인 헤어펌을 디자인할 수 있다.	①	②	③	④	⑤	①	②	③	④	⑤
	3. 디자인 연출을 위한 펌제와 다양한 로드를 선택할 수 있다.	①	②	③	④	⑤	①	②	③	④	⑤
	4. 다양한 와인딩 기법으로 디자인 헤어펌을 와인딩한 후 1제를 도포하고 처리시간을 설정할 수 있다.	①	②	③	④	⑤	①	②	③	④	⑤
	5. 원하는 디자인 펌의 웨이브형성을 테스트컬한 후 중화처리 할 수 있다.	①	②	③	④	⑤	①	②	③	④	⑤
디자인 헤어펌 마무리 하기	1. 헤어펌 유형에 따라 로드 오프하여 마무리 세척할 수 있다.	①	②	③	④	⑤	①	②	③	④	⑤
	2. 헤어펌 유형에 따라 헤어스타일링을 위해 모발에 잔여 수분함량을 조절할 수 있다.	①	②	③	④	⑤	①	②	③	④	⑤
	3. 헤어스타일 연출 제품을 사용하여 마무리할 수 있다.	①	②	③	④	⑤	①	②	③	④	⑤
	4. 고객에게 홈케어 방법을 설명하고 필요한 제품을 추천할 수 있다.	①	②	③	④	⑤	①	②	③	④	⑤

[진단결과]

진단영역	문항 수	점수	점수 ÷ 문항 수	문항 수	점수	점수 ÷ 문항 수
디자인 헤어펌하기	5			5		
디자인 헤어펌 마무리하기	4			4		
합 계	9			9		

* 자신의 점수를 문항 수로 나눈 값이 '3점' 이하에 해당하는 영역은 업무를 성공적으로 수행하는 데 요구되는 능력이 부족하다는 의미이므로 교육훈련이나 개인학습을 통한 개발이 필요함

[교수자 피드백]

얼굴형과 모발 길이에 따른 〈디자인 헤어펌〉

예시) 역삼각형 얼굴형에 따른 모발 길이와 시술내용 분석

모발의 길이	이미지 사진	시술내용분석
숏		모발조건 : 건강모일 경우
미디엄		모발조건 : 손상모일 경우
롱		모발조건 : 신생모(건강모)+기염부 (손상모)의 혼합일 경우

9th week

디자인 헤어펌 (남자 볼륨 펌)

1. 디자인 헤어펌 준비하기
2. 디자인 헤어펌 시술하기
3. 디자인 헤어펌 마무리하기

학습내용(단원명)	수업 목표
디자인 헤어펌 〈남자 볼륨 펌〉	• 밋밋한 모발에 벽돌쌓기 와인딩 기법으로 볼륨감과 자연스러운 웨이브로 디자인을 수행할 수 있다.

1. 디자인 헤어펌 준비하기

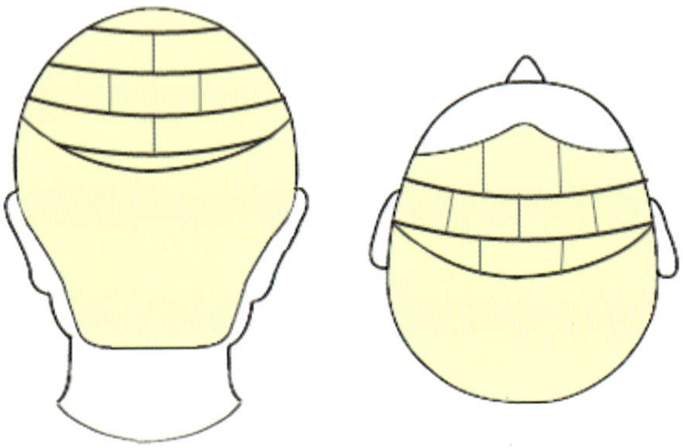

블로킹 및 섹션

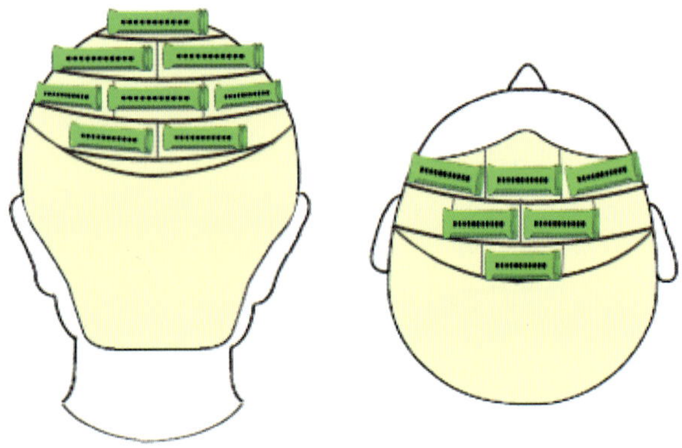

도해도

로드 및 도구

※ 모질의 상태에 따라 펌제 선택과 방치시간은 조정되어야 함

<table>
<tr><th>모델 데이터</th><th>시술 내용</th></tr>
<tr><td>· 모델 나이 : 30대 중반
· 얼굴형태 : 사각형
· 외형적 특징 : 키 크고 통통한 체형
· 모발 길이 : 숏(10cm)
· 모발 굵기 : 굵음
· 모량/질감 : 많음/보통
· 모발의 형태 : 직모
· 모발 손상 유무 : 보통
· 염색 및 웨이브 유무 : 염색모</td><td>· 시술 약액 : 치오
· 로드 호수 : 1,3,4호
· 시술 시간 : 열처리 10분/ 자연방치 15분
· 와인딩 방법: 크로키놀식
벽돌쌓기 패턴</td></tr>
<tr><td>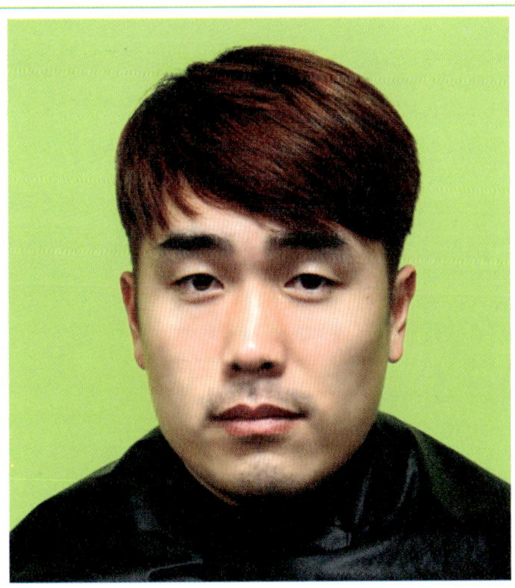</td><td>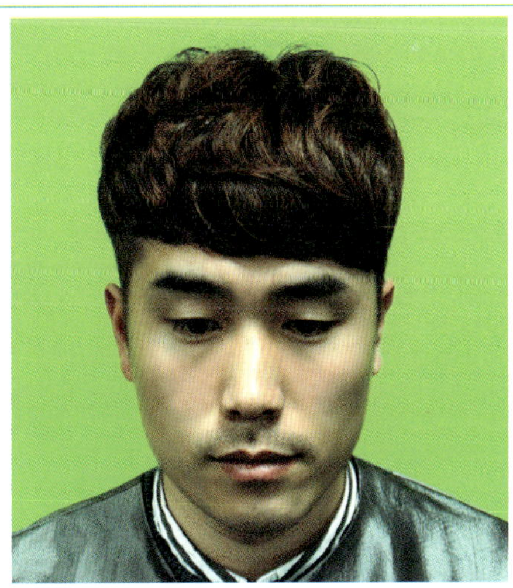</td></tr>
<tr><td>시술 전</td><td>시술 후</td></tr>
</table>

※ 모델에게 직접 시술 시 개인정보 수집 및 사진동의시, 미용 요금 상세주문내역서(P.246) 참고 바람.

2. 디자인 헤어펌 시술하기

1

2
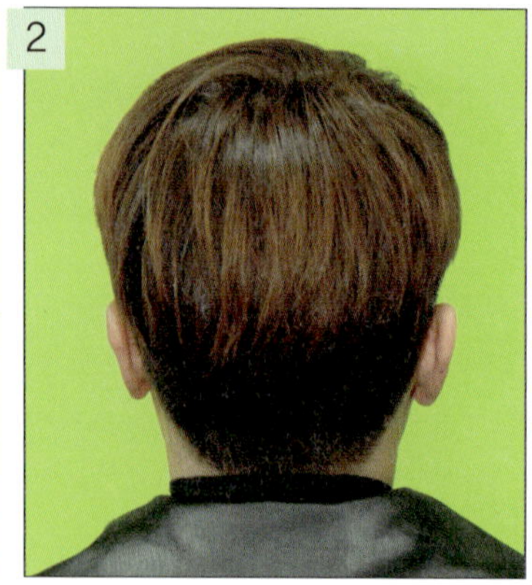
3
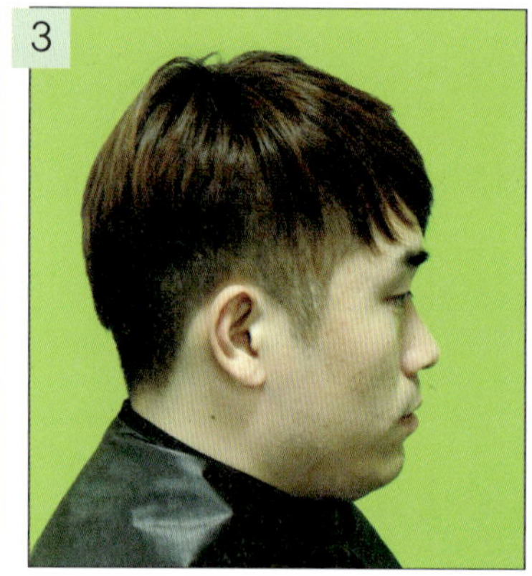

①~③ 시술 전 헤어스타일

4
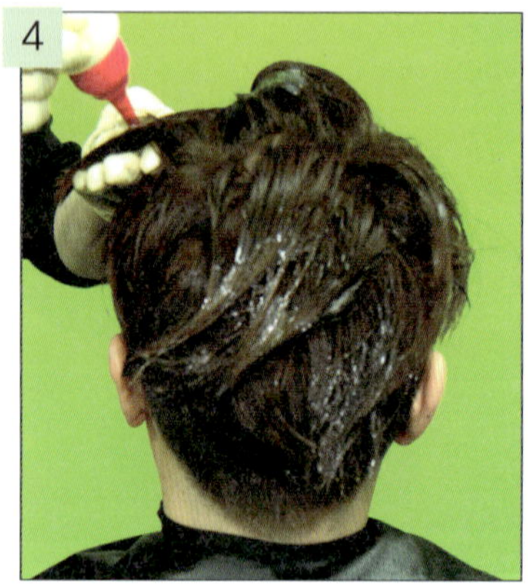
5
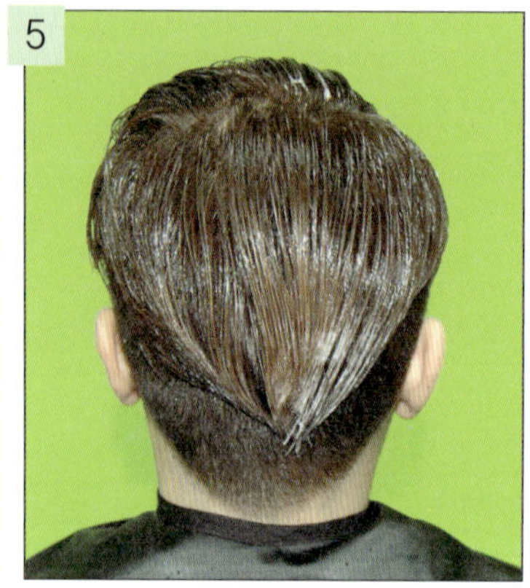
6
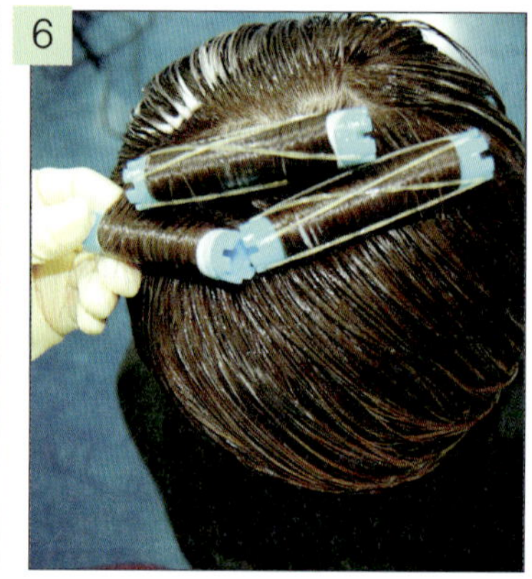

④~⑤ 치오 약액을 도포함
⑥ 갈라짐을 최소화하고 볼륨감을 살리기 위한 벽돌쌓기 패턴으로 와인딩을 진행함

7

8
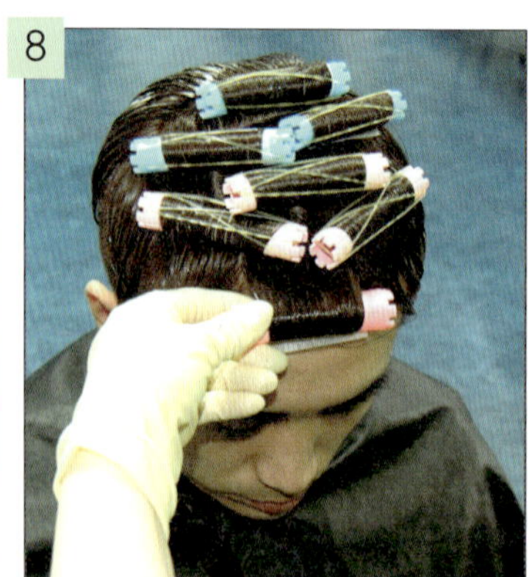
9

⑦ 첫 번째, 두 번째 단: 4호,
세 번째, 네 번째 단: 3호, 다섯 번째 단: 1호

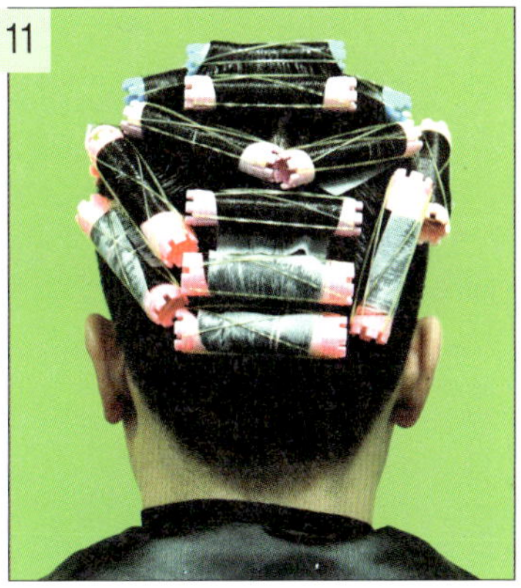

⑩~⑬ 백 부분도 벽돌쌓기 와인딩으로 시술
투 블록 커트 스타일이므로 가장 자리 모발은 한 바퀴만 말아서 자연스럽게 연결되게 진행함

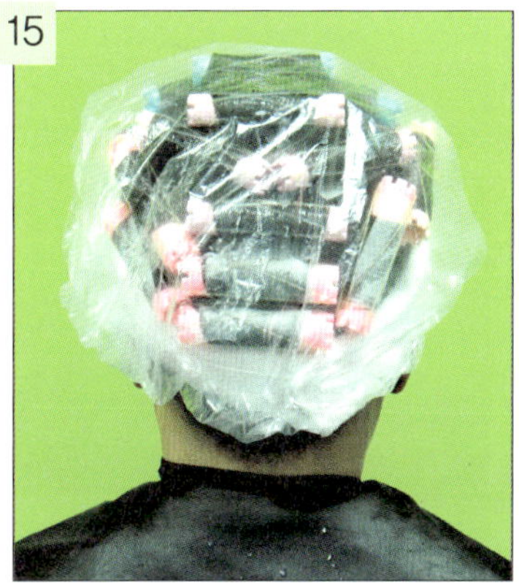

⑭ 와인딩이 끝난 후 약액을 재도포함
⑮ 환원제 작용이 잘 이루어질 수 있도록 비닐캡을 씌움

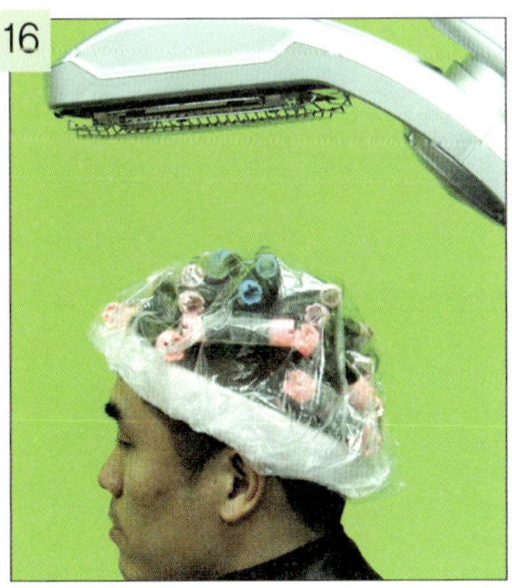
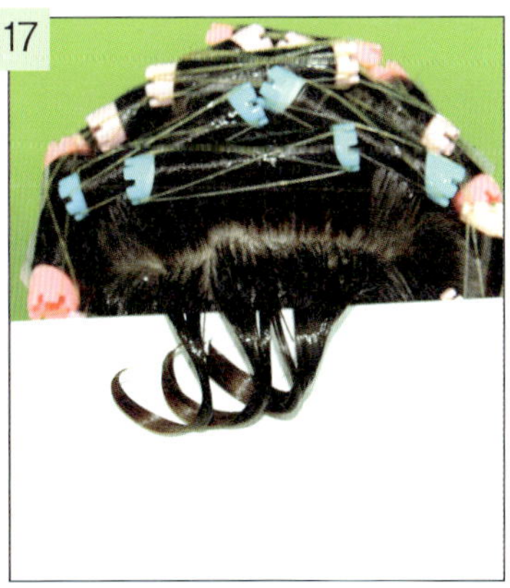
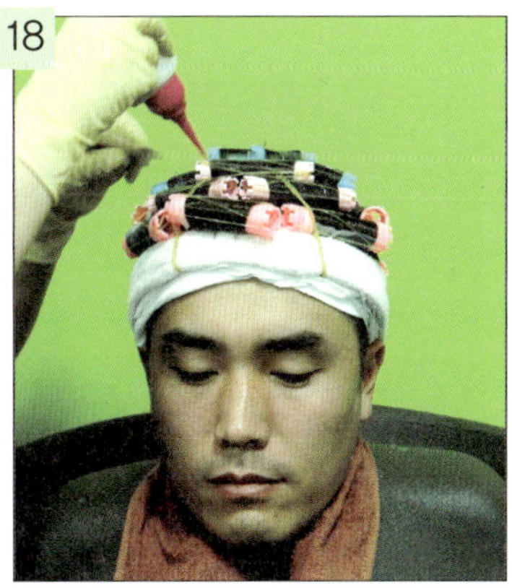

⑯ 열처리 10분/ 자연방치 15분
⑰ 컬 테스트 진행함
⑱ 중화를 진행함(과산화수소 7분)

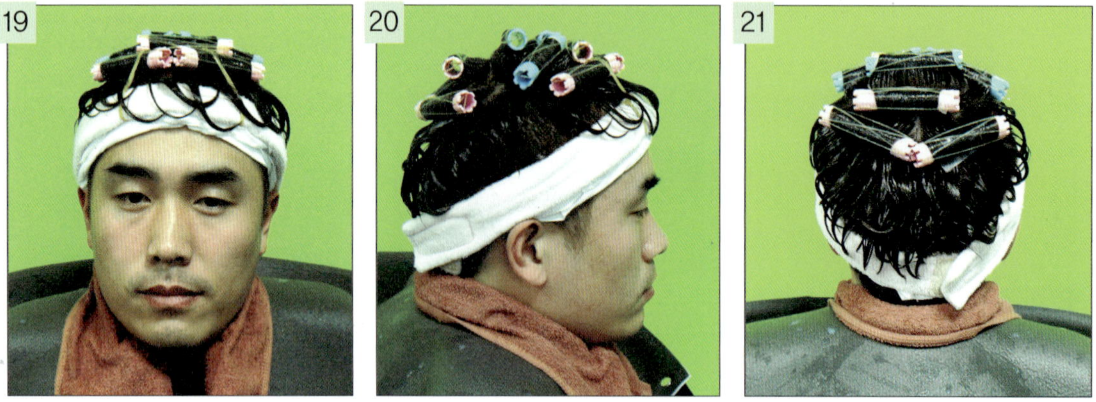

⑲~㉑ 중화 직후 둘레로 2~3개의 로드를 풀어주어 자연스럽게 컬이 형성될 수 있도록 함

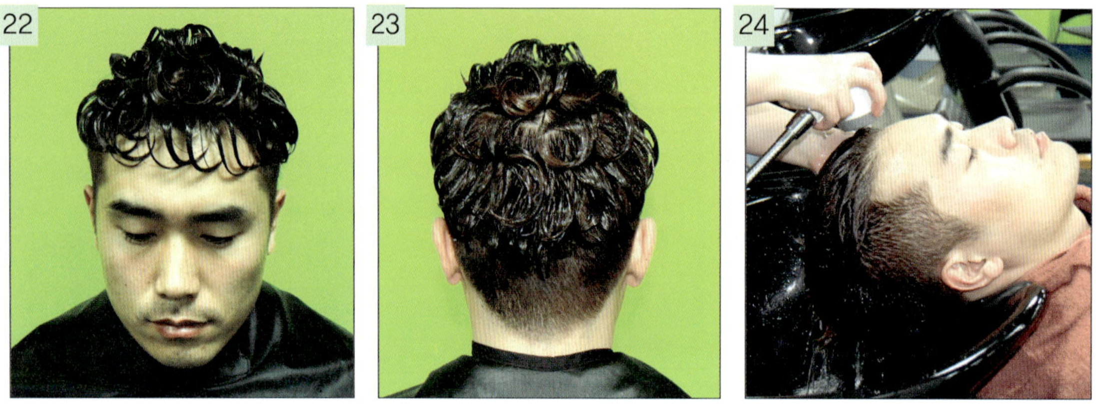

㉒~㉓ 로드 아웃한 상태

㉔ 산성샴푸로 샴푸 후 린스로 마무리

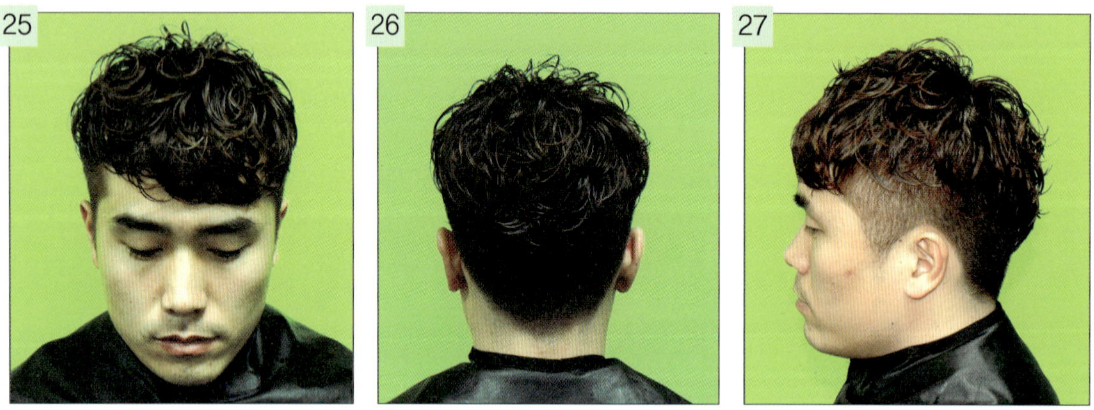

㉕~㉗ 샴푸 직후 모습

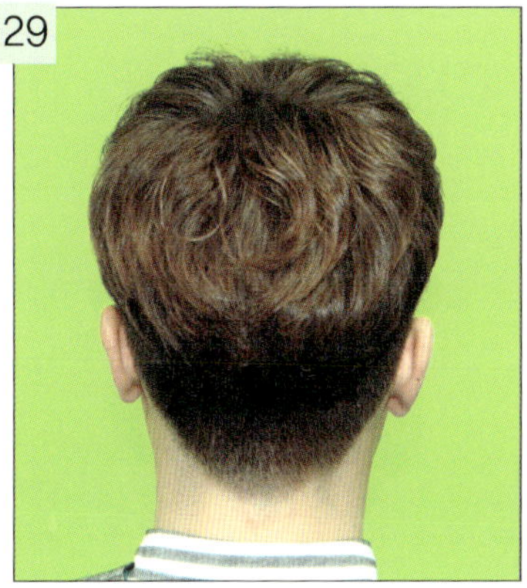

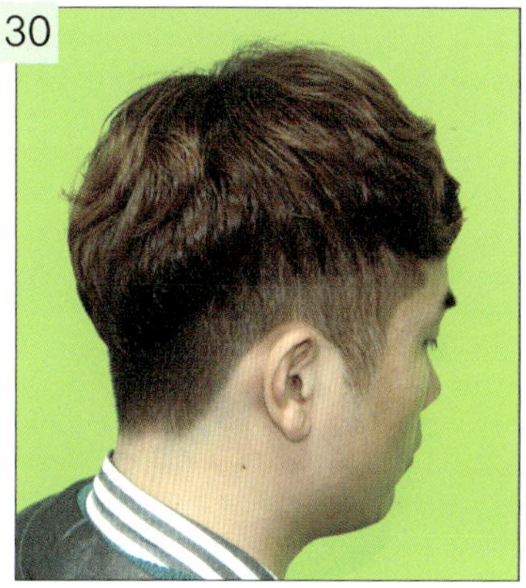

㉘ 드라이어로 수분 조절
㉙~㉚ 왁스로 스타일링 마무리

3. 디자인 헤어펌 마무리하기

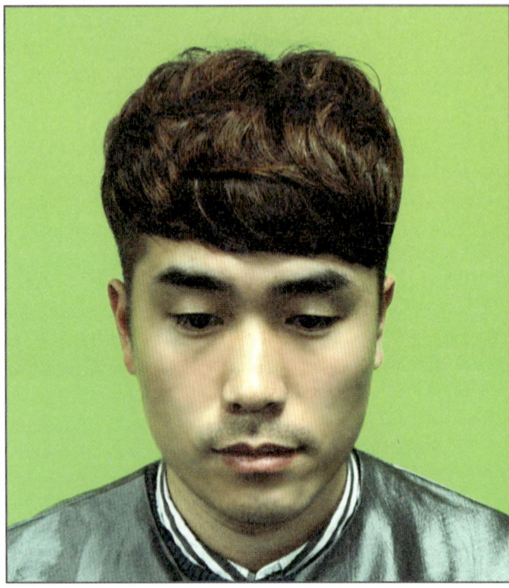

앞(FRONT)

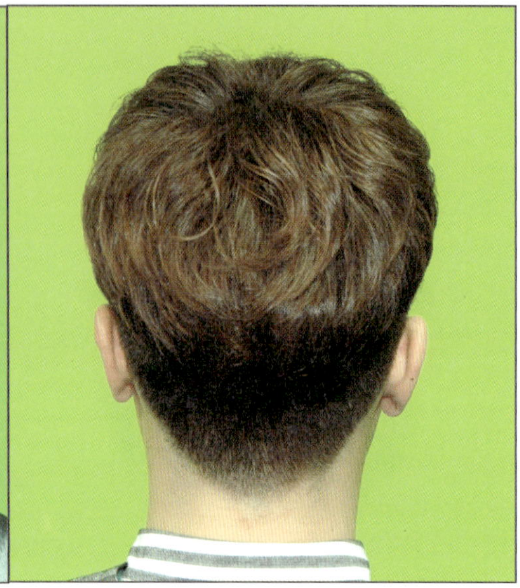

뒤(BACK)

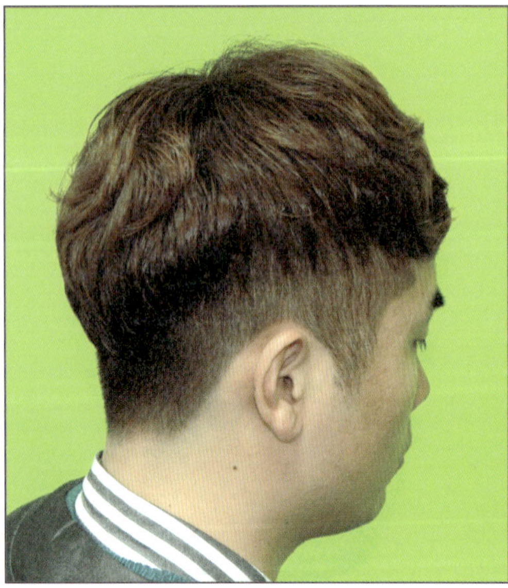

오른쪽(RIGHT SIDE)

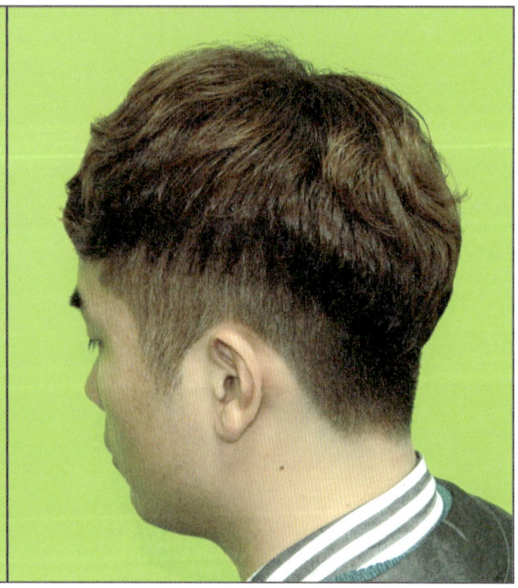

왼쪽(LEFT SIDE)

실습과정사진

사 진		설 명
		• • •
		• • •
		• • •
		• • •
		• • •

실습완료사진	
앞(FRONT)	뒤(BACK)
오른쪽(RIGHT SIDE)	왼쪽(LEFT SIDE)

단원평가

디자인 헤어펌 실습에 대한 장점과 단점 그리고 느낀 점을 쓰시오.

1. 장점

2. 단점

3. 느낀 점

학생 자가진단 및 교수평가

진단 영역	진 단 문 항	학생 평가					교수 평가				
		매우 미흡	미흡	보통	우수	매우 우수	매우 미흡	미흡	보통	우수	매우 우수
디자인 헤어펌 하기	1. 고객의 특성과 라이프스타일에 어울리는 디자인 헤어펌 이미지를 상담할 수 있다.	①	②	③	④	⑤	①	②	③	④	⑤
	2. 고객의 요구를 반영한 창의적인 헤어펌을 디자인할 수 있다.	①	②	③	④	⑤	①	②	③	④	⑤
	3. 디자인 연출을 위한 펌제와 다양한 로드를 선택할 수 있다.	①	②	③	④	⑤	①	②	③	④	⑤
	4. 다양한 와인딩 기법으로 디자인 헤어펌을 와인딩한 후 1제를 도포하고 처리시간을 설정할 수 있다.	①	②	③	④	⑤	①	②	③	④	⑤
	5. 원하는 디자인 펌의 웨이브형성을 테스트컬한 후 중화처리 할 수 있다.	①	②	③	④	⑤	①	②	③	④	⑤
디자인 헤어펌 마무리 하기	1. 헤어펌 유형에 따라 로드 오프하여 마무리 세척할 수 있다.	①	②	③	④	⑤	①	②	③	④	⑤
	2. 헤어펌 유형에 따라 헤어스타일링을 위해 모발에 잔여 수분함량을 조절할 수 있다.	①	②	③	④	⑤	①	②	③	④	⑤
	3. 헤어스타일 연출 제품을 사용하여 마무리할 수 있다.	①	②	③	④	⑤	①	②	③	④	⑤
	4. 고객에게 홈케어 방법을 설명하고 필요한 제품을 추천할 수 있다.	①	②	③	④	⑤	①	②	③	④	⑤

[진단결과]

진단영역	문항 수	점수	점수 ÷ 문항 수	문항 수	점수	점수 ÷ 문항 수
디자인 헤어펌하기	5			5		
디자인 헤어펌 마무리하기	4			4		
합 계	9			9		

※ 자신의 점수를 문항 수로 나눈 값이 '3점' 이하에 해당하는 영역은 업무를 성공적으로 수행하는 데 요구되는 능력이 부족하다는 의미이므로 교육훈련이나 개인학습을 통한 개발이 필요함

[교수자 피드백]

커트 디자인에 따른 〈디자인 헤어펌〉

예시) 남자 커트 디자인에 따른 시술내용 분석

<table>
<tr><th>모발의 길이</th><th>이미지사진</th><th>시술내용분석</th></tr>
<tr><td rowspan="2">커트 디자인 1</td><td rowspan="2"></td><td>모발조건 : 건강모일 경우</td></tr>
<tr><td></td></tr>
<tr><td rowspan="2">커트 디자인 2</td><td rowspan="2"></td><td>모발조건 : 손상모일 경우</td></tr>
<tr><td></td></tr>
</table>

10th week

디자인 헤어펌 (여자 아이론 펌)

1. 디자인 헤어펌 준비하기
2. 디자인 헤어펌 시술하기
3. 디자인 헤어펌 마무리하기

학습내용(단원명)	수업 목표
디자인 헤어펌 〈여자 아이론 펌〉	• 모질에 따라 연화타임을 수행할 수 있다. • 숱이 없거나 가는 모발에 뿌리 볼륨을 살리고 전체적으로 자연스러운 웨이브가 생기도록 디자인을 수행할 수 있다. • 모발이 손상되지 않도록 열을 조절하여 아이론을 수행할 수 있다.

1. 디자인 헤어펌 준비하기

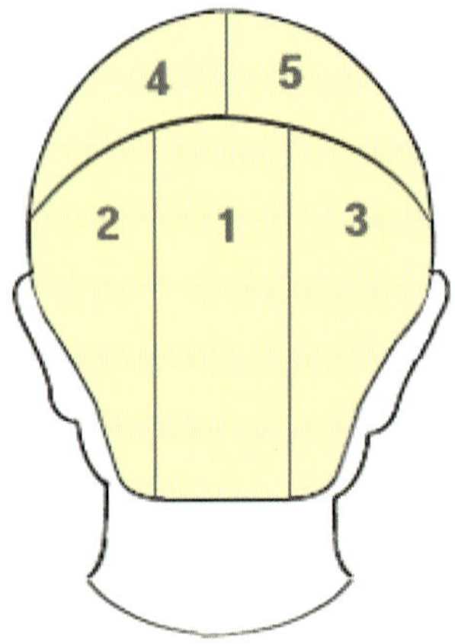

약액도포 및 아이론 순서

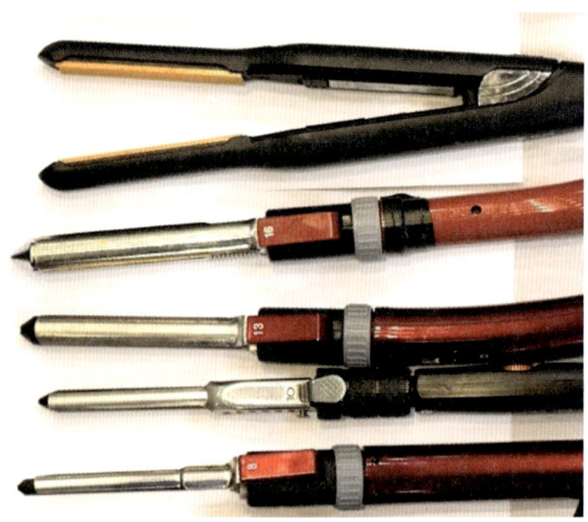

로드 및 도구

※ 모질의 상태에 따라 펌제 선택과 방치 시간은 조정되어야 함

모델 데이터	시술 내용
· 모델 나이 : 20대 중반 · 얼굴형태 : 타원형 · 외형적 특징 : 키 크고 마른 체형 · 모발 길이 : 숏(16cm) · 모발 굵기 : 보통 · 모량/질감 : 보통/보통 · 모발의 형태 : 직모 · 모발 손상 유무 : 적음 (건강모) · 염색 및 웨이브 유무 : 없음	· 시술 약액 : 볼륨 매직약 · 아이론 도구 : 아이론 10mm, 13mm · 아이론 온도 : 130℃~140℃ · 연화 타임 : 자연방치 25분

시술 전	시술 후

※ 모델에게 직접 시술 시 개인정보 수십 및 사전동의서, 미용 요금 상세수분내억서(P.246) 침고 바람.

2. 디자인 헤어펌 시술하기

1
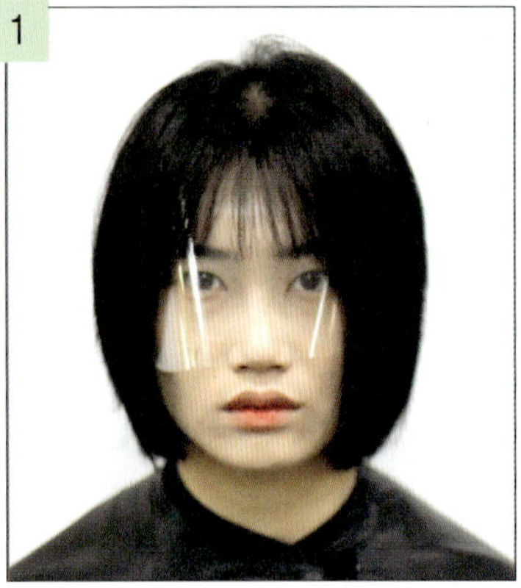
2
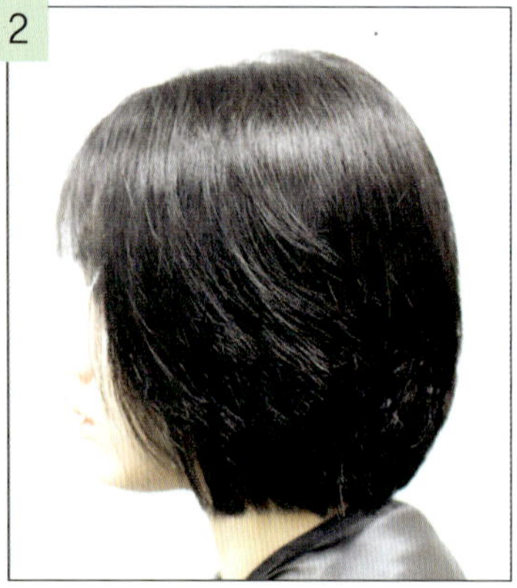
3

①~② 시술 전 헤어스타일
③ 매직약액 도포

4

5

6
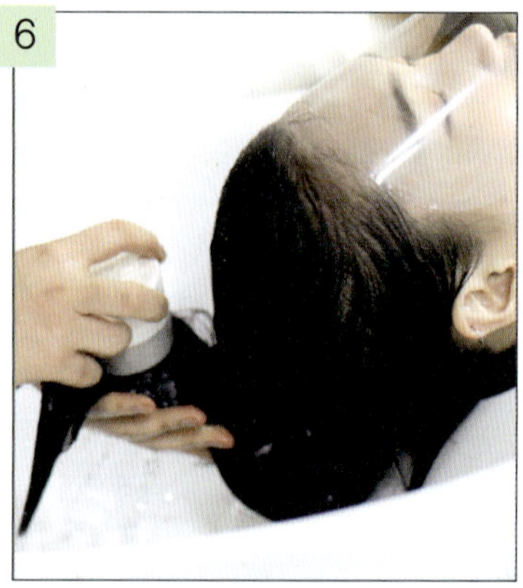

④ 약액도포 후 뿌리 볼륨이 가라 앉지 않도록 구르프로 뿌리 부분을 살려줌
⑤ 환원작용이 잘 되도록 비닐캡을 씌워줌(자연방치 25분)
⑥ 연화 후 환원제를 깨끗이 헹구어 줌

7

8

9

⑦~⑧ 샴푸 직후 모습
⑨ 사이드는 모근부터 아이론을 잡으며 서서히 뜸을 들이면서 모발끝까지 말아줌(아이론 13mm)

10
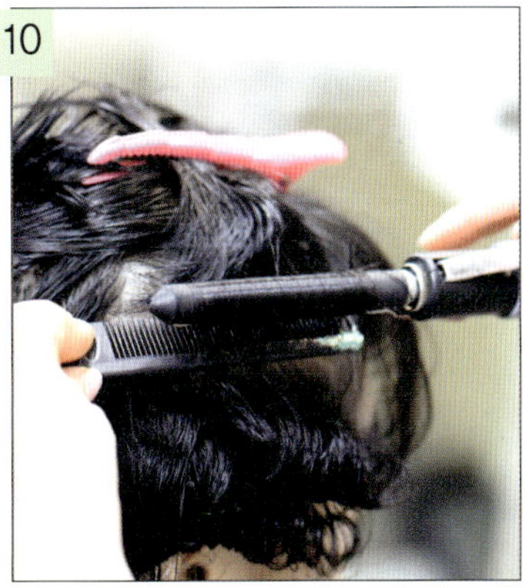
11
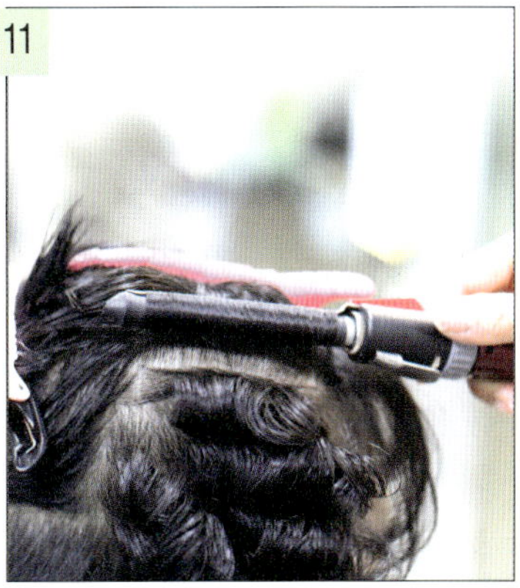
12

⑩~⑫ 베이스는 온베이스로 시술하며 각도를 들어 탑으로 갈수록 볼륨을 살려 줌

13

14
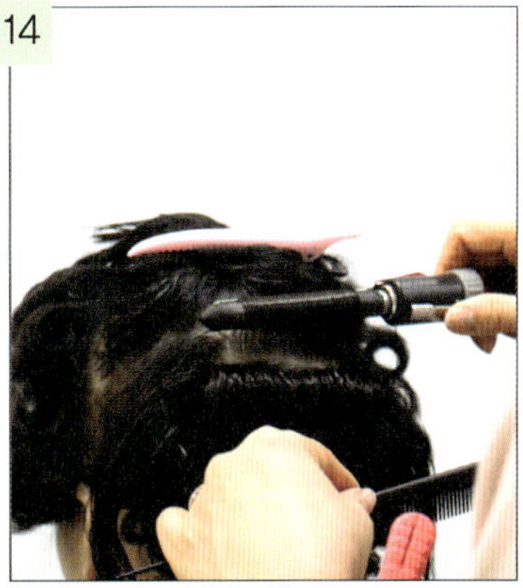
15
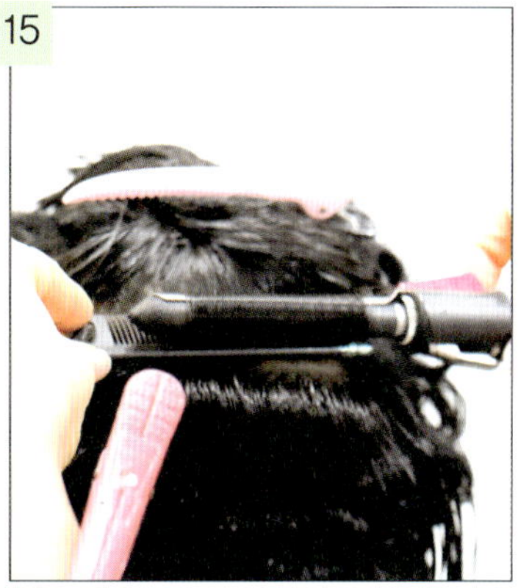

⑬ 반대쪽도 동일한 방법을 진행 후 네이프로 진행(아이론 10mm)(아이론 온도 130~140℃)

⑭ ~⑯ 백부분도 탑으로 갈수록 각도를 들어 올려 진행(아이론 13mm)

16

17

18
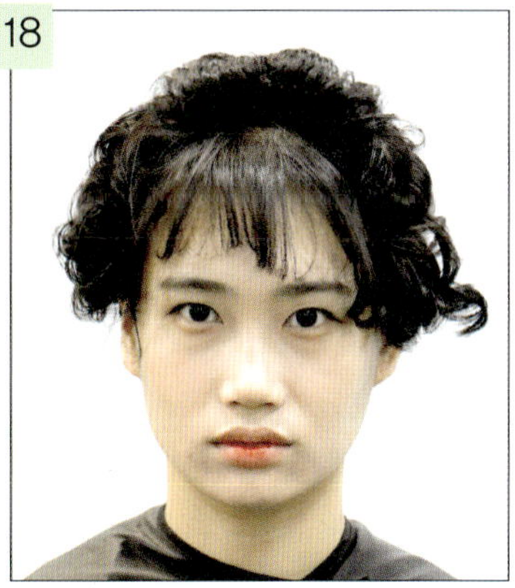

⑰ ~⑳ 아이론 시술 와인딩이 끝난 상태

19

20

21

㉑ 구르프로 완성된 웨이브를 말아서 중화 진행함(과산화수소 7분)
중화타임이 끝나면 pH밸런스 도포

22
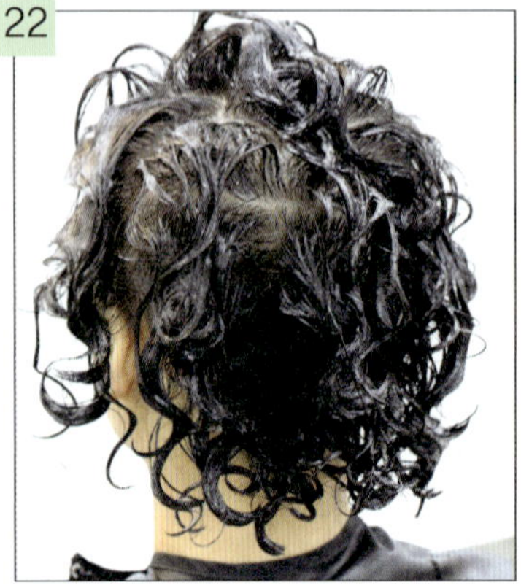
23
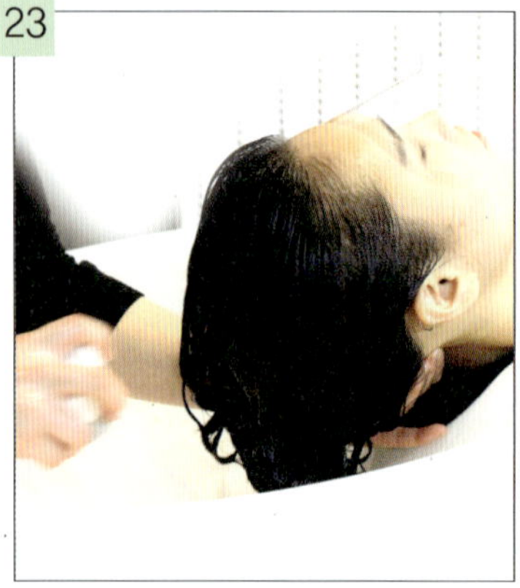

㉒ 로드 아웃한 상태
㉓ 산성샴푸로 샴푸하고 후처리 트리트먼트로 마무리

24

25
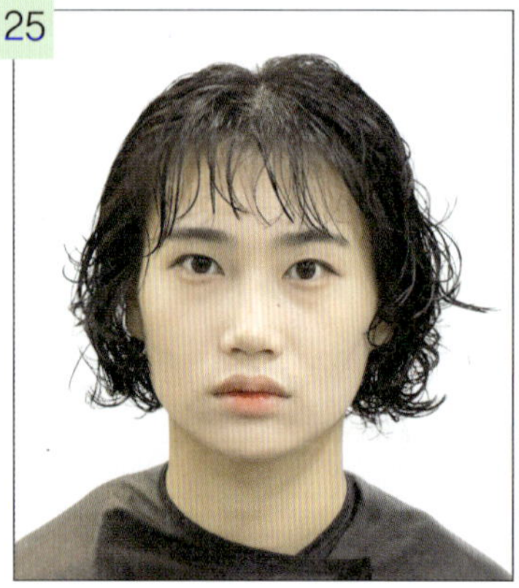
26
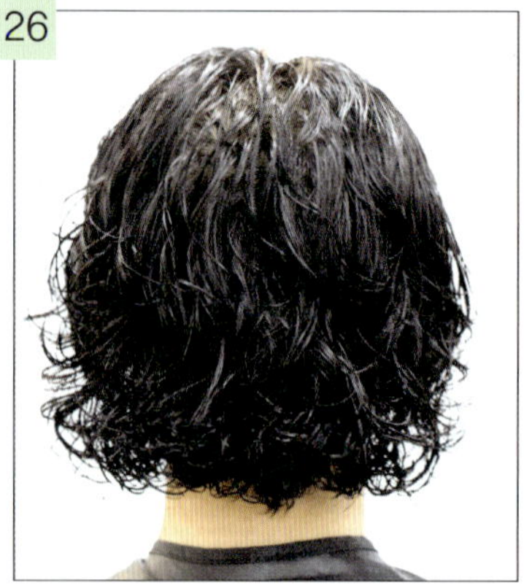

㉔～㉖ 샴푸 직후 모습

27

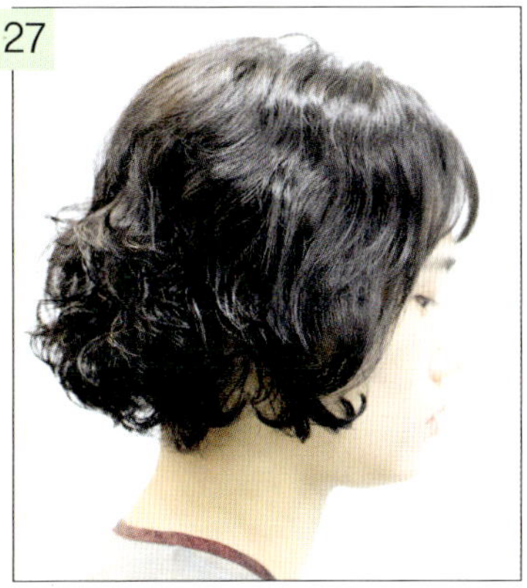

28

29

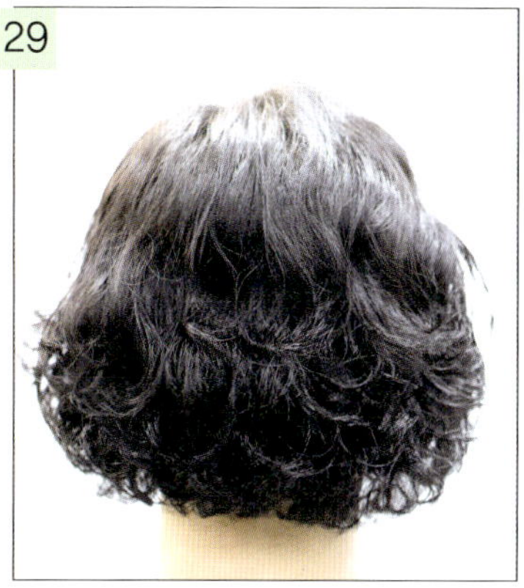

㉗ 드라이어로 수분을 조절하여 건조시키고 스타일링제품을 발라 마무리함

3. 디자인 헤어펌 마무리하기

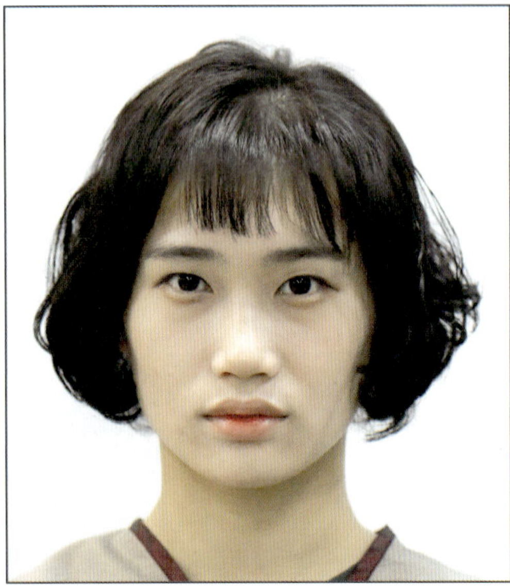

앞(FRONT)

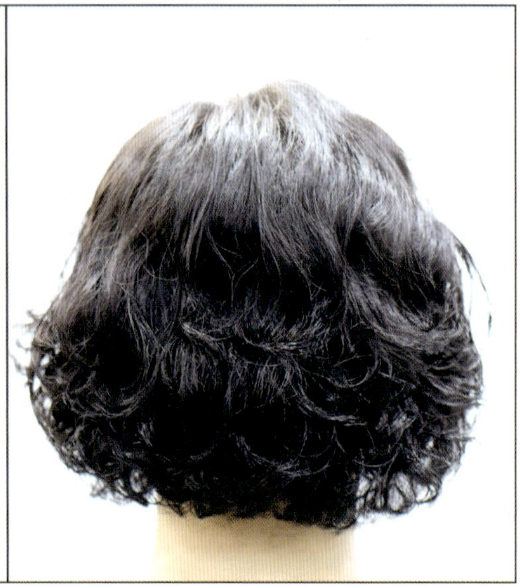

뒤(BACK)

오른쪽(RIGHT SIDE)

왼쪽(LEFT SIDE)

실습과정사진

사 진		설 명
		• • •
		• • •
		• • •
		• • •
		• • •

실습완료사진

앞(FRONT)	뒤(BACK)
오른쪽(RIGHT SIDE)	왼쪽(LEFT SIDE)

단원평가

디자인 헤어펌 실습에 대한 장점과 단점 그리고 느낀 점을 쓰시오.

1. 장점

2. 단점

3. 느낀 점

학생 자가진단 및 교수평가

진단 영역	진 단 문 항	학생 평가					교수 평가				
		매우 미흡	미흡	보통	우수	매우 우수	매우 미흡	미흡	보통	우수	매우 우수
디자인 헤어펌 하기	1. 고객의 특성과 라이프스타일에 어울리는 디자인 헤어펌 이미지를 상담할 수 있다.	①	②	③	④	⑤	①	②	③	④	⑤
	2. 고객의 요구를 반영한 창의적인 헤어펌을 디자인할 수 있다.	①	②	③	④	⑤	①	②	③	④	⑤
	3. 디자인 연출을 위한 펌제와 다양한 로드를 선택할 수 있다.	①	②	③	④	⑤	①	②	③	④	⑤
	4. 다양한 와인딩 기법으로 디자인 헤어펌을 와인딩한 후 1제를 도포하고 처리시간을 설정할 수 있다.	①	②	③	④	⑤	①	②	③	④	⑤
	5. 원하는 디자인 펌의 웨이브형성을 테스트컬한 후 중화처리 할 수 있다.	①	②	③	④	⑤	①	②	③	④	⑤
디자인 헤어펌 마무리 하기	1. 헤어펌 유형에 따라 로드 오프하여 마무리 세척할 수 있다.	①	②	③	④	⑤	①	②	③	④	⑤
	2. 헤어펌 유형에 따라 헤어스타일링을 위해 모발에 잔여 수분함량을 조절할 수 있다.	①	②	③	④	⑤	①	②	③	④	⑤
	3. 헤어스타일 연출 제품을 사용하여 마무리할 수 있다.	①	②	③	④	⑤	①	②	③	④	⑤
	4. 고객에게 홈케어 방법을 설명하고 필요한 제품을 추천할 수 있다.	①	②	③	④	⑤	①	②	③	④	⑤

[진단결과]

진단영역	문항 수	점수	점수 ÷ 문항 수	문항 수	점수	점수 ÷ 문항 수
디자인 헤어펌하기	5			5		
디자인 헤어펌 마무리하기	4			4		
합 계	9			9		

* 자신의 점수를 문항 수로 나눈 값이 '3점' 이하에 해당하는 영역은 업무를 성공적으로 수행하는 데 요구되는 능력이 부족하다는 의미이므로 교육훈련이나 개인학습을 통한 개발이 필요함

[교수자 피드백]

얼굴형과 모발 길이에 따른 〈디자인 헤어펌〉

예시) 타원형 얼굴에 따른 모발 길이와 시술내용 분석

<table>
<tr><th>모발의 길이</th><th>이미지 사진</th><th>시술내용분석</th></tr>
<tr><td rowspan="2">숏</td><td rowspan="2"></td><td>모발조건 : 건강모일 경우</td></tr>
<tr><td></td></tr>
<tr><td rowspan="2">미디엄</td><td rowspan="2"></td><td>모발조건 : 손상모일 경우</td></tr>
<tr><td></td></tr>
<tr><td rowspan="2">롱</td><td rowspan="2"></td><td>모발조건 : 신생모(건강모)+기염부 (손상모)의 혼합일 경우</td></tr>
<tr><td></td></tr>
</table>

11st week

디자인 헤어펌 (남자 아이론 펌)

1. 디자인 헤어펌 준비하기
2. 디자인 헤어펌 시술하기
3. 디자인 헤어펌 마무리하기

학습내용(단원명)	수업 목표
디자인 헤어펌 〈남자 아이론 펌〉	• 모질에 따라 연화타임을 수행할 수 있다. • 짧은 모발에 볼륨과 탄력 있는 자연스러운 웨이브가 생기도록 디자인을 수행할 수 있다. • 모발이 손상되지 않도록 열을 조절하여 아이론을 수행할 수 있다.

1. 디자인 헤어펌 준비하기

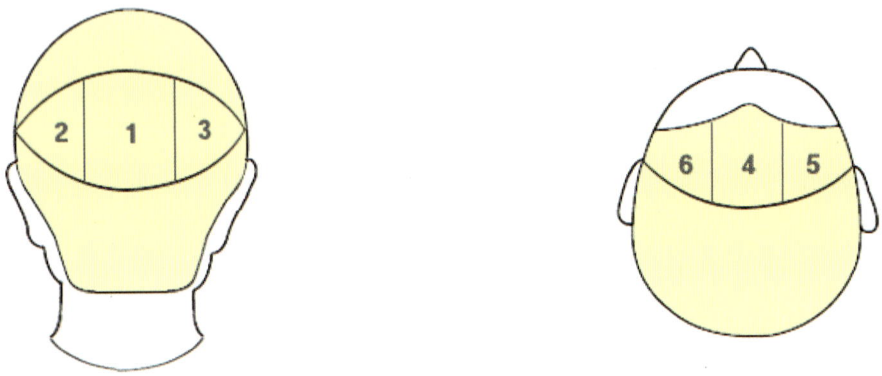

약액도포 및 아이론 작업 순서

로드 및 도구

※ 모질의 상태에 따라 펌제 선택과 방치 시간은 조정되어야 함

모델 데이터	시술 내용
• 모델 나이 : 20대 후반 • 얼굴형태 : 사각형 • 외형적 특징 : 목이 길고 마른 체형 • 모발 길이 : 숏(7cm) • 모발 굵기 : 굵음 • 모량/질감 : 많음/보통 • 모발의 형태 : 파상모 • 모발 손상 유무 : 보통 • 염색 및 웨이브 유무 : 염색모	• 시술 약액 : 볼륨 매직약 • 아이론 도구 : 볼륨 매직기, 아이론 13mm • 아이론 온도 : 160℃ • 연화 타임: 열처리 7분/자연 방치 10분

시술 전	시술 후

※ 모델에게 직접 시술 시 개인정보 수집 및 사전동의서, 미용 요금 상세주문내역서(P.246) 참고 바람.

2. 디자인 헤어펌 시술하기

1

2
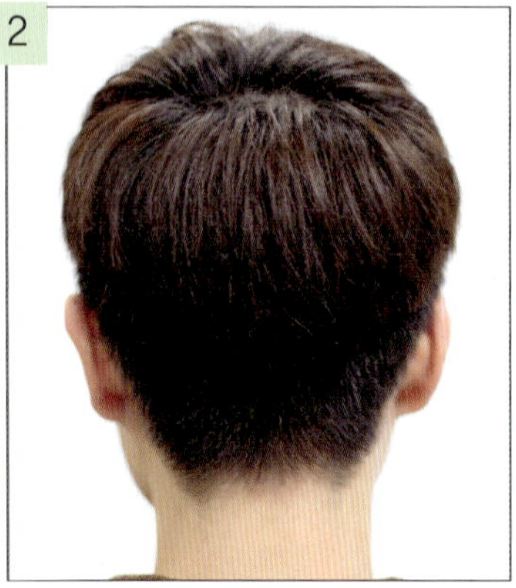
3
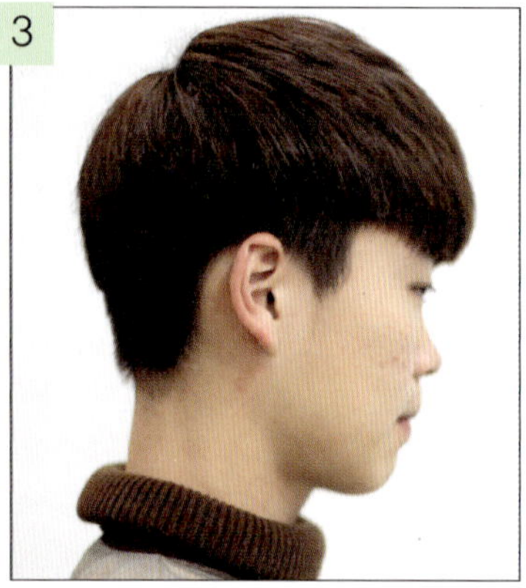

①~③ 시술 전 헤어스타일

4

5

6
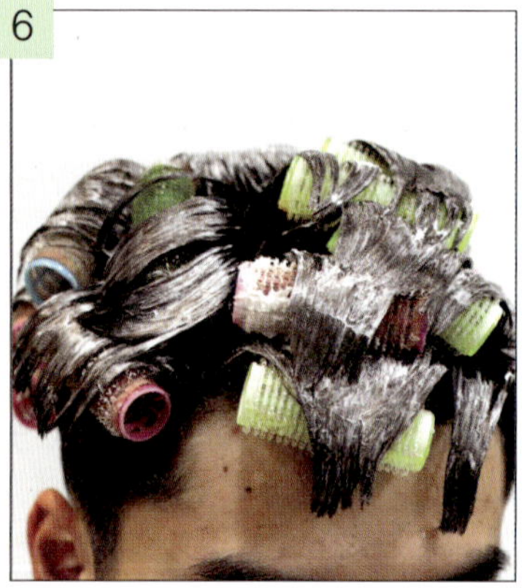

④ 매직약액 도포
⑤~⑧ 약액도포 후 뿌리 볼륨이 가라앉지 않도록 구르프로 뿌리 부분을 살려줌

7

8

9
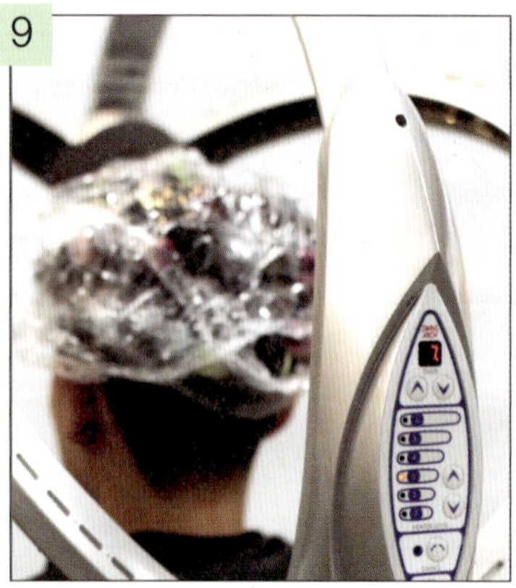

⑨ 연화타임 : 열처리 7분 / 자연방치 10분
연화 후 환원제를 깨끗이 헹구어 줌

10
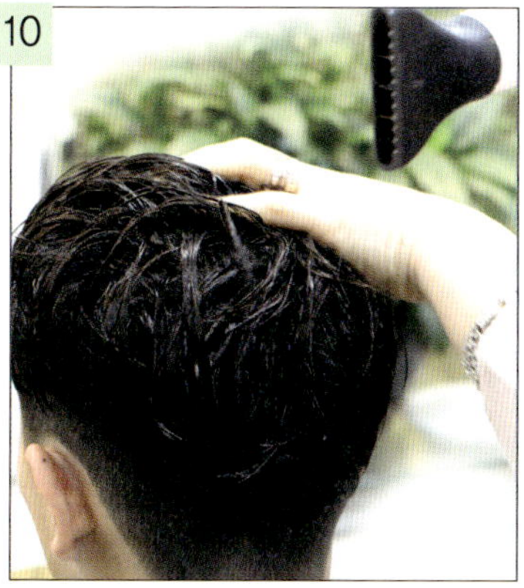
11

12

⑩ 연화 처리 후 물로 깨끗이 헹구고 난 후 수분 20% 정도 남겨놓고 건조시킴
⑪ 뿌리 부분부터 아이론을 넣고 서서히 뜸을 들이면서 말아 줌(아이론 13mm, 130~140℃)
⑫ 모발을 자연스럽게 표현하고자 하는 부분에는 볼륨매직기로 사용

13

14
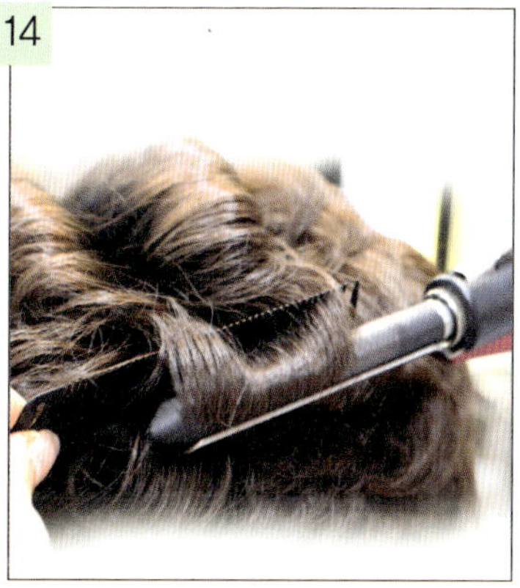
15

⑬~⑮ 베이스는 온베이스로 진행하여 뿌리 볼륨을 최대한 살림

16

17
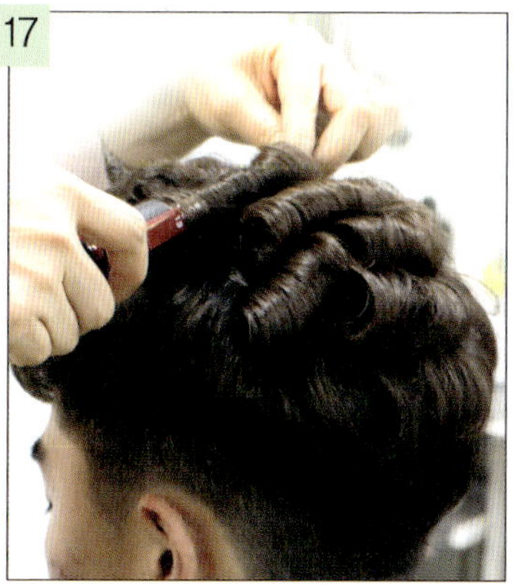

⑯ 투 블럭 헤어스타일이므로 헤어 둘레에 덮어지는 모발은 자연스럽게 컬이 형성되도록 와인딩. 와인딩이 완성되면 구르프를 말아서 중화를 진행함(과산화수소 7분)

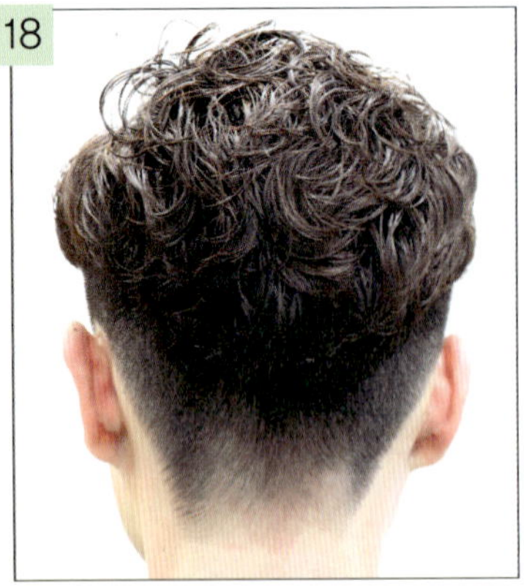

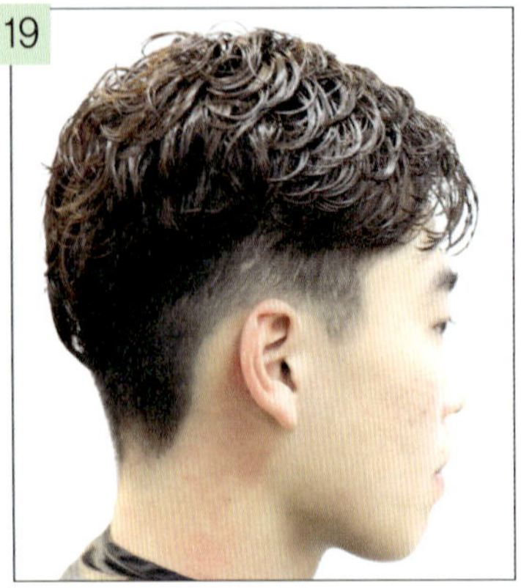

⑱~⑳ 산성샴푸로 샴푸하고 후처리 트리트먼트로 마무리
샴푸 직후 모습

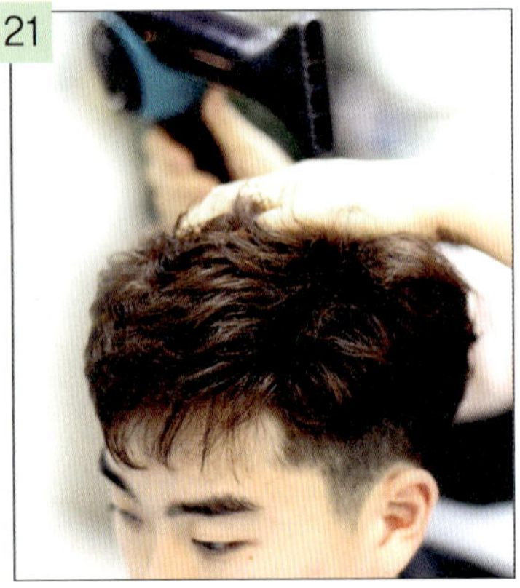

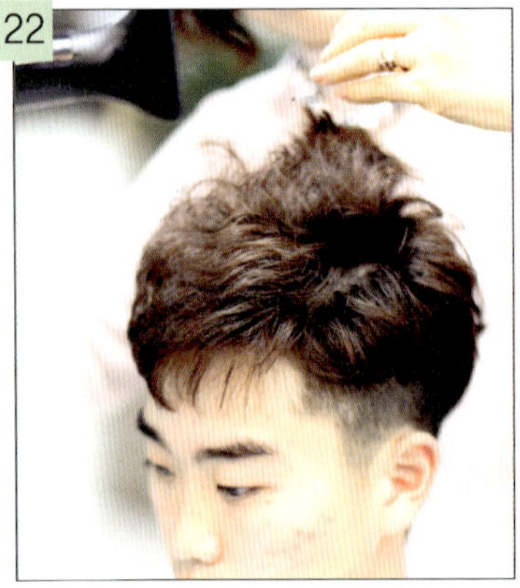

㉑ 드라이어로 수분 조절
㉒ 왁스로 헤어스타일 마무리

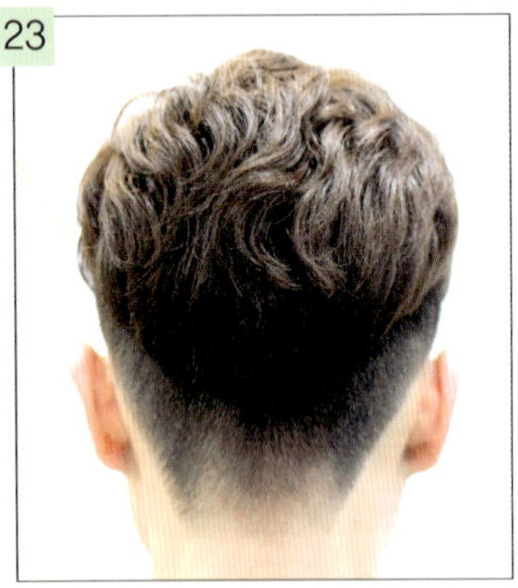

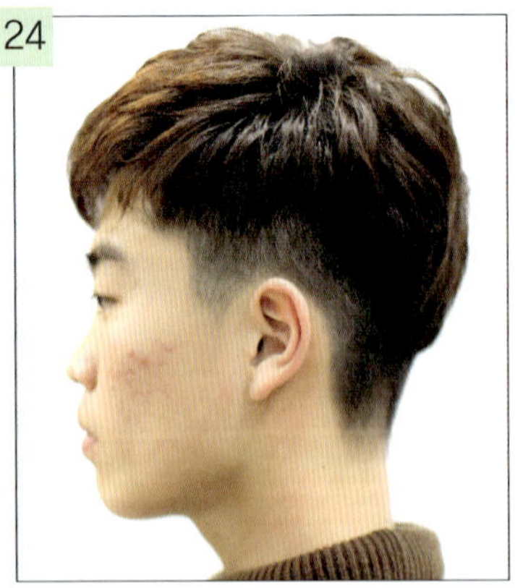

㉓~㉕ 스타일링 제품으로 마무리한 상태

3. 디자인 헤어펌 마무리하기

앞(FRONT)

뒤(BACK)

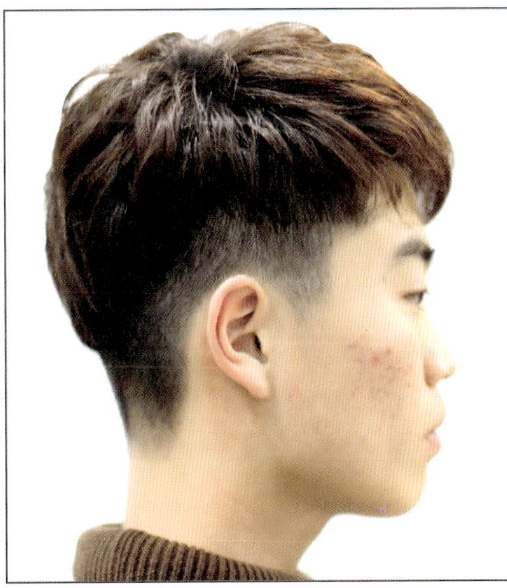

오른쪽(RIGHT SIDE)

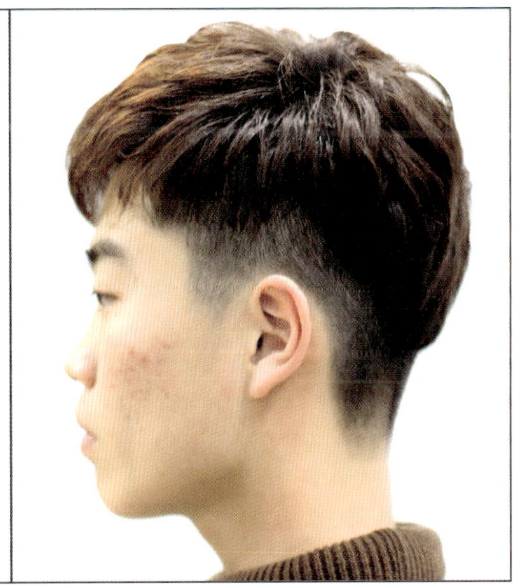

왼쪽(LEFT SIDE)

<table>
<tr><th colspan="3">실습과정사진</th></tr>
<tr><th colspan="2">사 진</th><th>설 명</th></tr>
<tr><td></td><td></td><td>•
•
•</td></tr>
<tr><td></td><td></td><td>•
•
•</td></tr>
<tr><td></td><td></td><td>•
•
•</td></tr>
<tr><td></td><td></td><td>•
•
•</td></tr>
<tr><td></td><td></td><td>•
•
•</td></tr>
</table>

실습완료사진	
앞(FRONT)	뒤(BACK)
오른쪽(RIGHT SIDE)	왼쪽(LEFT SIDE)

단원평가

디자인 헤어펌 실습에 대한 장점과 단점 그리고 느낀 점을 쓰시오.

1. 장점

2. 단점

3. 느낀 점

학생 자가진단 및 교수평가

진단 영역	진 단 문 항	학생 평가					교수 평가				
		매우 미흡	미흡	보통	우수	매우 우수	매우 미흡	미흡	보통	우수	매우 우수
디자인 헤어펌 하기	1. 고객의 특성과 라이프스타일에 어울리는 디자인 헤어펌 이미지를 상담할 수 있다.	①	②	③	④	⑤	①	②	③	④	⑤
	2. 고객의 요구를 반영한 창의적인 헤어펌을 디자인할 수 있다.	①	②	③	④	⑤	①	②	③	④	⑤
	3. 디자인 연출을 위한 펌제와 다양한 로드를 선택할 수 있다.	①	②	③	④	⑤	①	②	③	④	⑤
	4. 다양한 와인딩 기법으로 디자인 헤어펌을 와인딩한 후 1제를 도포하고 처리 시간을 설정할 수 있다.	①	②	③	④	⑤	①	②	③	④	⑤
	5. 원하는 디자인 펌의 웨이브형성을 테스트컬한 후 중화처리 할 수 있다.	①	②	③	④	⑤	①	②	③	④	⑤
디자인 헤어펌 마무리 하기	1. 헤어펌 유형에 따라 로드 오프하여 마무리 세척할 수 있다.	①	②	③	④	⑤	①	②	③	④	⑤
	2. 헤어펌 유형에 따라 헤어스타일링을 위해 모발에 잔여 수분함량을 조절할 수 있다.	①	②	③	④	⑤	①	②	③	④	⑤
	3. 헤어스타일 연출 제품을 사용하여 마무리할 수 있다.	①	②	③	④	⑤	①	②	③	④	⑤
	4. 고객에게 홈케어 방법을 설명하고 필요한 제품을 추천할 수 있다.	①	②	③	④	⑤	①	②	③	④	⑤

[진단결과]

진단영역	문항 수	점수	점수 ÷ 문항 수	문항 수	점수	점수 ÷ 문항 수
디자인 헤어펌하기	5			5		
디자인 헤어펌 마무리하기	4			4		
합 계	9			9		

* 자신의 점수를 문항 수로 나눈 값이 '3점' 이하에 해당하는 영역은 업무를 성공적으로 수행하는 데 요구되는 능력이 부족하다는 의미이므로 교육훈련이나 개인학습을 통한 개발이 필요함

[교수자 피드백]

커트 디자인에 따른 〈디자인 헤어펌〉

예시) 커트 디자인에 따른 모발 길이와 시술내용 분석(남자 아이론 펌)

모발의 길이	이미지사진	시술내용분석
커트 디자인 1		모발조건 : 건강모일 경우
커트 디자인 2		모발조건 : 손상모일 경우

12nd week 디지털세팅 헤어펌

1. 디지털세팅 헤어펌 준비하기
2. 디지털세팅 헤어펌 시술하기
3. 디지털세팅 헤어펌 마무리하기

학습내용(단원명)	수업 목표
디지털세팅 헤어펌	· 모질에 따라 연화타임을 수행할 수 있다. · 전기 열을 이용하여 웨이브형태를 오랫동안 유지시키고 드라이를 한듯한 자연스러운 웨이브로 디자인을 수행할 수 있다.

교과목명 〈코드〉	〈1201010135_17v4〉 디지털세팅 헤어펌
훈련목표	고객의 요구, 외형적 특징, 트렌드 등을 반영하여 설계한 헤어 디자인을 바탕으로 디지털세팅기 등 다양한 열펌기를 사용하여 헤어펌을 완성하는 능력을 함양
단원명 〈능력단위 요소명〉	훈련내용 (수행준거)
디지털세팅 헤어펌하기 〈1201010135 _17v4.1〉	1.1 디지털세팅기와 약제 및 도구를 준비할 수 있다. 1.2 디지털세팅 헤어펌에 맞는 펌제를 모발에 도포한 후 연화에 필요한 시간을 결정할 수 있다. 1.3 연화시간 끝나면 테스트 한 후 모발의 펌제를 깨끗하게 세척할 수 있다. 1.4 디지털기기의 로드를 이용하여 와인딩할 수 있다. 1.5 원하는 웨이브 형성에 필요한 시간을 결정하고 이후 중화처리 할 수 있다.
디지털세팅 헤어펌 마무리하기 〈1201010135 _17v4.2〉	2.1 디지털 기기의 로드오프 후 모발을 샴푸할 수 있다. 2.2 디지털세팅 헤어펌의 스타일링을 위해 모발에 잔여 수분함량을 조절할 수 있다. 2.3 헤어스타일 연출 제품을 사용하여 마무리할 수 있다. 2.4 고객에게 디지털세팅 헤어펌의 홈케어 손질법을 설명할 수 있다.
구분	주요내용
지식(K)	· 디지털 세팅펌에 관한 지식 · 열펌의 기구와 기기 및 약제의 사용법에 관한 지식 · 디지털세팅 펌에 필요한 펌제 사용법 · 디지털세팅 펌 작업 시 모발의 전 · 중 · 후 처리 기법에 대한 지식 · 디지털세팅 펌 손질에 관한 지식 · 헤어스타일 연출 제품에 관한 지식
기술(S)	· 펌제 작용시간을 판단하는 능력 · 모발 손상을 최소화하는 기술 · 디지털세팅 펌 작업 시 모발의 전 · 중 · 후 처리 기술 · 디지털세팅 펌의 기구와 기기를 사용하는 능력 · 타월 드라이 후 웨이브 디자인에 따른 모발 건조 기술 · 디지털세팅 헤어펌 후 헤어스타일 연출능력 · 헤어스타일 연출제품 사용기술

태도(A)	• 고객만족을 위해 노력하는 자세 • 고객의 불편을 확인하고 대처하는 자세 • 디자인의 창의성과 완성도를 높이려는 태도 • 열펌기구 및 도구사용 시 고객의 안전을 살피는 자세 • 서비스 제공 시 두피를 자극하지 않도록 주의하는 자세 • 고객의 두피와 모발을 보호하려는 태도 • 제품의 정량사용으로 자원 낭비와 환경오염을 최소화하려는 노력

1. 디지털세팅 헤어펌 준비하기

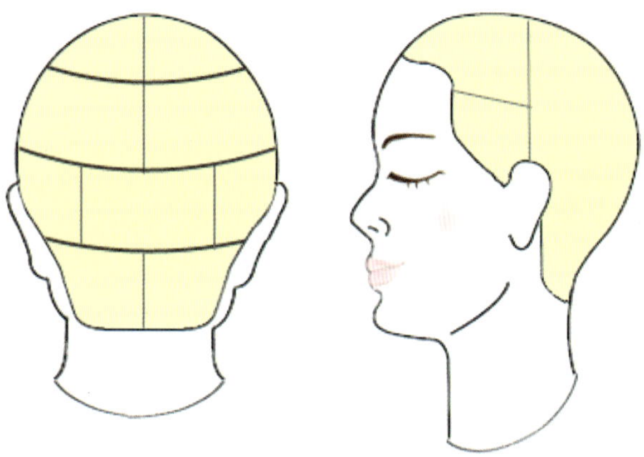

블로킹 및 섹션

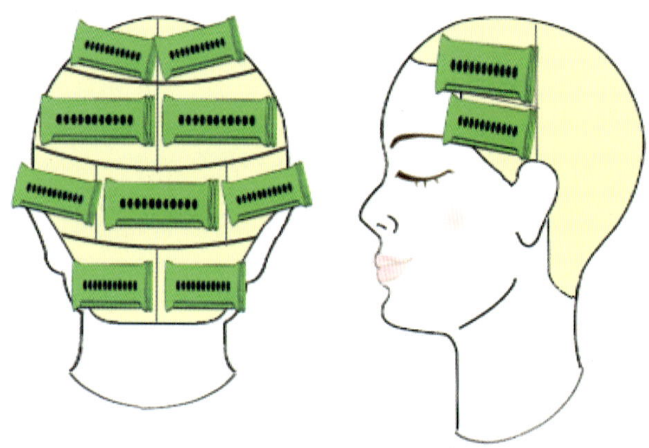

도해도

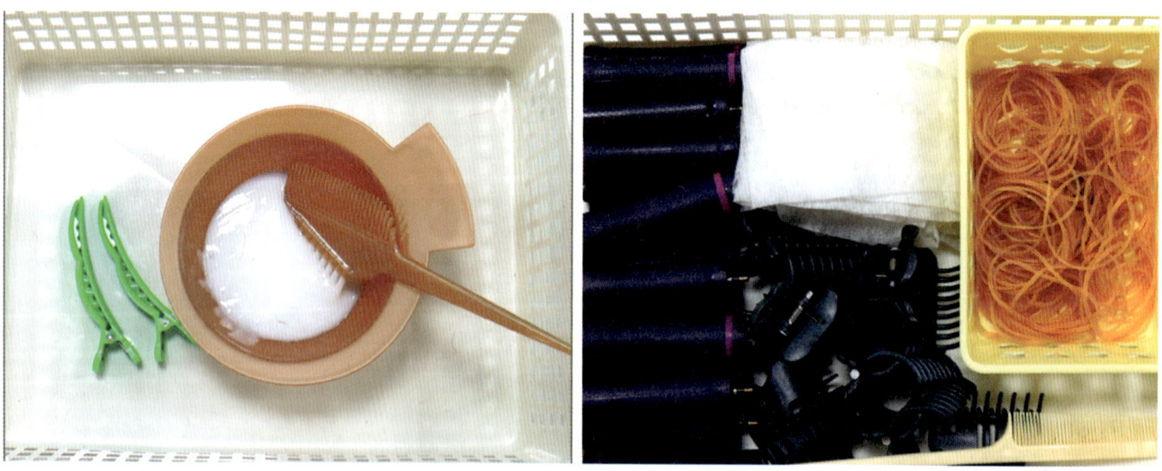

로드 및 도구

※ 모질의 상태에 따라 펌제 선택과 방치 시간은 조정되어야 함

모델 데이터	시술 내용
• 모델 나이 : 20대 초반 • 얼굴형태 : 타원형 • 외형적 특징 : 키 크고 마른 체형 • 모발 길이 : 롤(48cm) • 모발 굵기 : 가는 모발 • 모량/질감 : 보통/무거움 • 모발의 형태 : 직모 • 모발 손상 유무 : 보통 • 염색 및 웨이브 유무 : 2개월 전 열펌 시술	• 시술 약액 : 열펌 전용 그로스 • 로드 호수 : 디지털 로드 18mm, 20mm • 연화처리 : 자연방치 20분 • 가온처리 : 100℃ 8분 • 와인딩 방법: 크로키놀식

시술 전	시술 후

※ 모델에게 직접 시술 시 개인성보 수집 및 사진동의서, 미용 요금 상세주문내역서 P246 참고바람.

2. 디지털세팅 헤어펌 시술하기

①~② 시술 전 헤어스타일
③~⑤ 셋팅 펌 약액도포(두피에서 10cm 정도 띄우고 전체 도포)

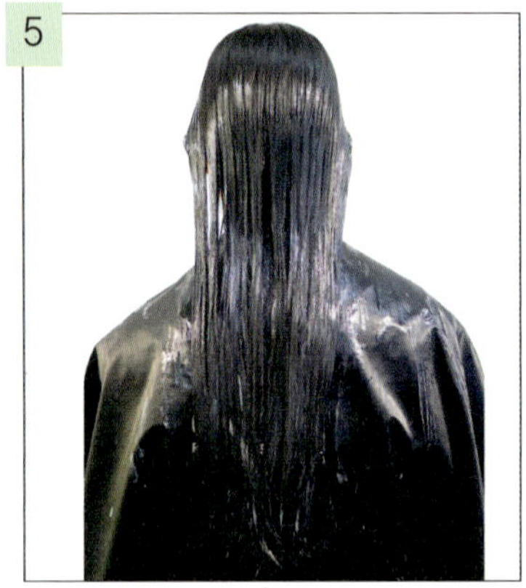

⑥ 환원제 작용이 잘 이루어질수 있도록 비닐캡을 씌움(자연방치 20분)

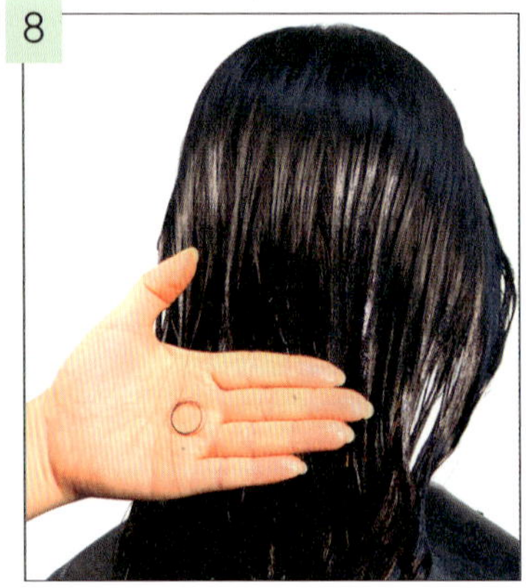

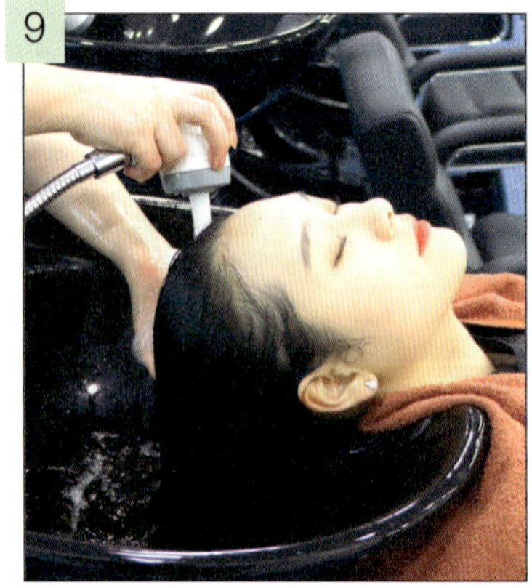

⑦~⑧ 컬 테스트를 진행함
- 당겨보기 : 모발을 당겨서 1.5배 이상 늘어날 때
- C컬 형성해 보기 : 컬의 형태가 그대로 유지될 때

⑨ 연화가 충분히 이루어지면 물로 환원제를 깨끗이 헹구어 냄

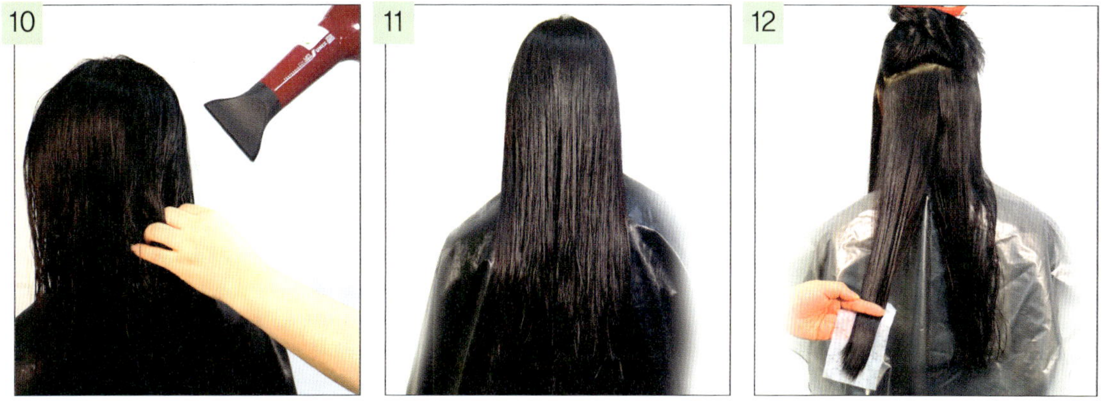

⑩~⑪ 드라이어로 수분 조절(20~30% 정도 유지)

⑫~⑯ 섹션을 로드 지름보다 1.5배 정도의 폭으로 와인딩을 진행함
(페이퍼는 양면으로 사용)

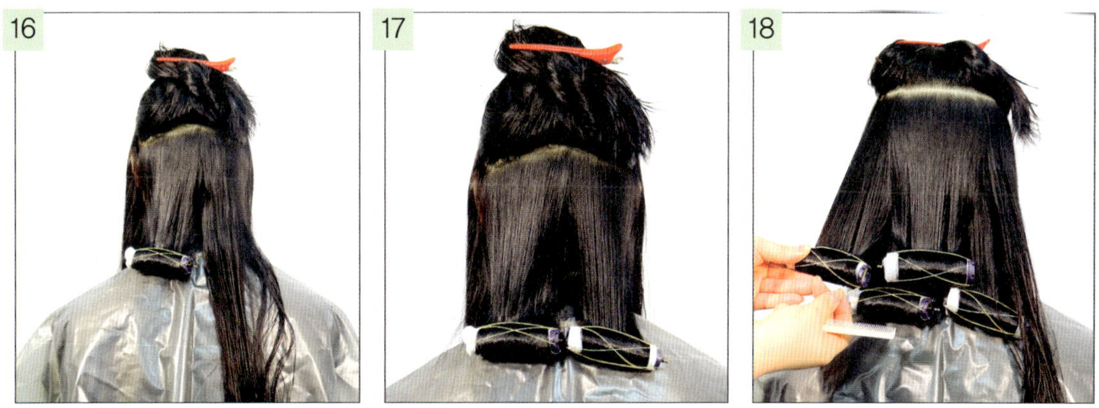

⑰ 반대쪽도 동일하게 시술(디지털 로드 18mm)
⑱ 두 번째 단은 두상이 넓어지므로 3개의 섹션을 진행(디지털 로드 18mm)

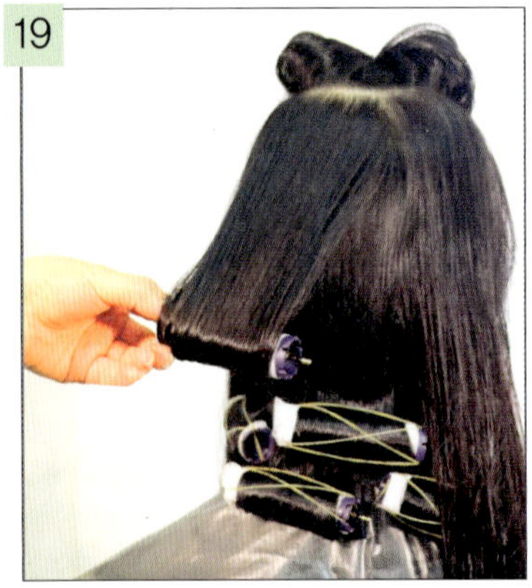

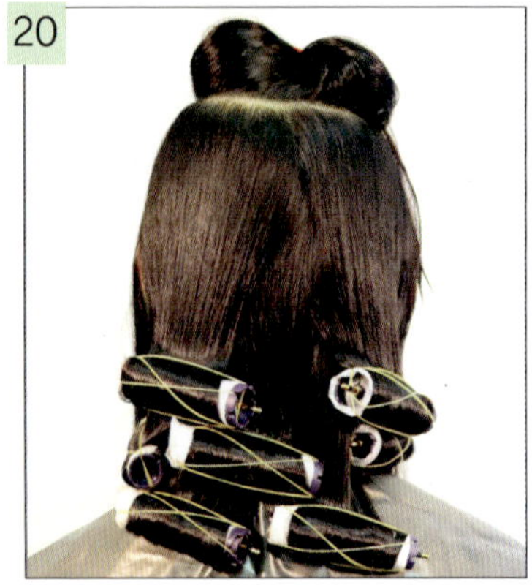

⑲～⑳ 세 번째 단은 두 개의 섹션을 나누어 와인딩(디지털 로드 18mm)
㉑ 네 번째 단도 동일하게 진행(디지털 로드 18mm)

㉒～㉔ 사이드는 후대각 섹션으로 와인딩을 진행 함(디지털 로드 20mm)

㉕ 반대쪽도 동일하게 진행
㉖～㉗ 와인딩이 완성된 상태

28

29

30

㉘ 열처리 : 8분 / 가온처리 : 100℃

㉙~㉚ 컬의 늘어짐을 방지하기 위해 로드로 말아주거나 핀컬 핀으로 고정시킨 후 중화 (과산화수소 7분)

31

32

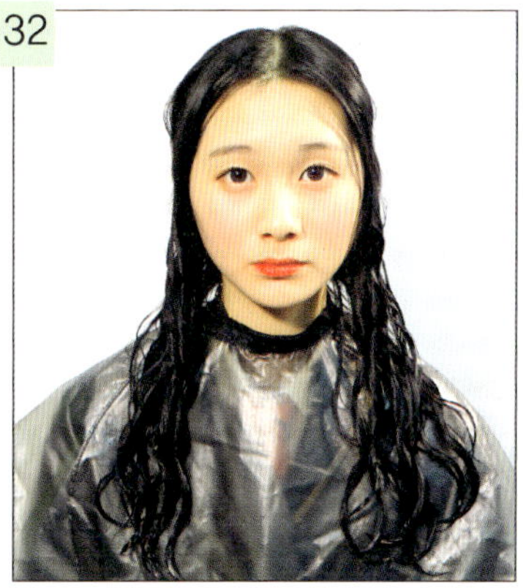

33

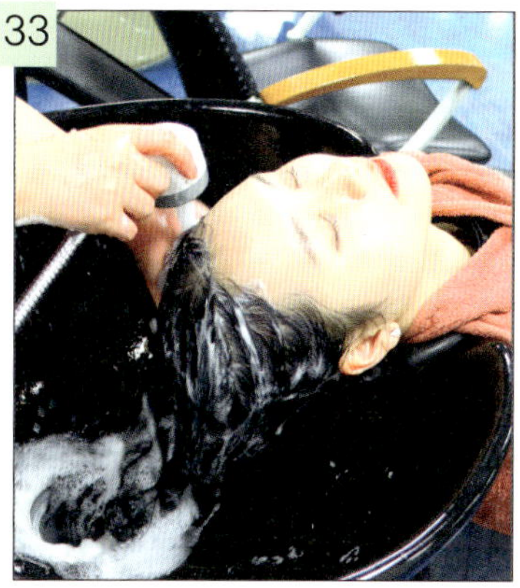

㉛~㉜ 중화가 끝나고 로드 아웃한 상태

㉝ 산성샴푸로 샴푸하고 후처리 트리트먼트로 마무리

34

35

36

㉞~㉟ 샴푸 직후 모습

㊱ 셋팅펌은 수분이 증발할수록 탄력이 생기므로 웨이브 컬을 돌려가며 건조시킴

37

38

39

㊲~㊴ 적당히 건조시킨 후 스타일링 제품을 바르고 고객에게 손질 방법을 알려줌

3. 디지털세팅 헤어펌 마무리하기

앞(FRONT)

뒤(BACK)

오른쪽(RIGHT SIDE)

왼쪽(LEFT SIDE)

실습과정사진

사 진		설 명
		• • •
		• • •
		• • •
		• • •
		• • •

실습완료사진	
앞(FRONT)	뒤(BACK)
오른쪽(RIGHT SIDE)	왼쪽(LEFT SIDE)

단원평가

디지털세팅 헤어펌 실습에 대한 장점과 단점 그리고 느낀 점을 쓰시오.

1. 장점

2. 단점

3. 느낀 점

학생 자가진단 및 교수평가

진단 영역	진 단 문 항	학생 평가					교수 평가				
		매우 미흡	미흡	보통	우수	매우 우수	매우 미흡	미흡	보통	우수	매우 우수
디지털 세팅 헤어펌 하기	1. 디지털세팅기와 약제 및 도구를 준비할 수 있다.	①	②	③	④	⑤	①	②	③	④	⑤
	2. 디지털세팅 헤어펌에 맞는 펌제를 모발에 도포한 후 연화에 필요한 시간을 결정할 수 있다.	①	②	③	④	⑤	①	②	③	④	⑤
	3. 연화시간 끝나면 테스트 한 후 모발의 펌제를 깨끗하게 세척할 수 있다.	①	②	③	④	⑤	①	②	③	④	⑤
	4. 디지털기기의 로드를 이용하여 와인딩할 수 있다.	①	②	③	④	⑤	①	②	③	④	⑤
	5. 원하는 웨이브 형성에 필요한 시간을 결정하고 이후 중화처리 할 수 있다.	①	②	③	④	⑤	①	②	③	④	⑤
디지털 세팅 헤어펌 마무리 하기	1. 디지털 기기의 로드오프 후 모발을 샴푸할 수 있다.	①	②	③	④	⑤	①	②	③	④	⑤
	2. 디지털세팅 헤어펌의 스타일링을 위해 모발에 잔여 수분함량을 조절할 수 있다.	①	②	③	④	⑤	①	②	③	④	⑤
	3. 헤어스타일 연출 제품을 사용하여 마무리할 수 있다.	①	②	③	④	⑤	①	②	③	④	⑤
	4. 고객에게 디지털세팅 헤어펌의 홈케어 손질법을 설명할 수 있다.	①	②	③	④	⑤	①	②	③	④	⑤

[진단결과]

진단영역	문항 수	점수	점수 ÷ 문항 수	문항 수	점수	점수 ÷ 문항 수
디지털세팅 헤어펌하기	5			5		
디지털세팅 헤어펌 마무리하기	4			4		
합 계	9			9		

* 자신의 점수를 문항 수로 나눈 값이 '3점' 이하에 해당하는 영역은 업무를 성공적으로 수행하는 데 요구되는 능력이 부족하다는 의미이므로 교육훈련이나 개인학습을 통한 개발이 필요함

[교수자 피드백]

얼굴형과 모발 길이에 따른 〈디지털세팅 헤어펌〉

예시) 둥근 얼굴형에 따른 모발 길이와 시술내용 분석

모발의 길이	이미지 사진	시술내용분석
숏		모발조건 : 건강모일 경우
미디엄		모발조건 : 손상모일 경우
롱		모발조건 : 신생모(건강모)+기염부 (손상모)의 혼합일 경우

13rd week

볼륨 매직 헤어펌

1. 볼륨 매직 헤어펌 준비하기
2. 볼륨 매직 헤어펌 시술하기
3. 볼륨 매직 헤어펌 마무리하기

학습내용(단원명)	수업 목표
볼륨 매직 헤어펌	• 모질에 따라 연화타임을 수행할 수 있다. • 파상모나 축모를 볼륨감이 있는 생머리로 디자인하기 위해 볼륨 매직펌을 수행할 수 있다.

교과목명 〈코드〉	〈1201010136_17v4〉 볼륨 매직 헤어펌
훈련목표	고객의 요구, 외형적 특징, 트렌드 등을 반영하여 설계한 헤어 디자인을 바탕으로 볼륨 매직기를 사용하여 고객이 원하는 부분에 볼륨을 주어 헤어펌을 완성하는 능력을 함양
단원명 〈능력단위 요소명〉	훈련내용 (수행준거)
볼륨 매직 헤어펌하기 〈1201010136 _17v4.1〉	1.1 고객의 요구, 고객의 특성과 라이프스타일 및 모발상태를 고려하여 볼륨 매직 헤어펌을 디자인하고 제안할 수 있다. 1.2 디자인 연출을 위한 펌제, 볼륨매직아이론의 굵기, 처리시간 등을 결정할 수 있다. 1.3 볼륨 매직 헤어펌을 위한 연화작업을 진행한 후 모발에 있는 펌제를 깨끗하게 헹구어 낼 수 있다. 1.4 볼륨매직아이론을 사용하여 원하는 부분에 볼륨 또는 웨이브를 연출할 수 있다. 1.5 볼륨 매직 헤어펌 작업이 끝난 모발에 중화처리를 할 수 있다.
볼륨 매직 헤어펌 마무리하기 〈1201010136 _17v4.2〉	2.1 볼륨 매직 헤어펌 유형에 따라 마무리 세척을 할 수 있다. 2.2 볼륨 매직 헤어펌 유형에 따른 마무리를 위해 모발에 잔여 수분 함량을 조절할 수 있다. 2.3 볼륨 매직 헤어펌 유형에 따라 헤어스타일 연출 제품을 사용하여 마무리할 수 있다. 2.4 고객에게 볼륨 매직 헤어펌 손질법을 설명할 수 있다.
구분	주요내용
지식(K)	• 이미지제안에 필요한 지식 • 헤어트렌드에 관한 지식 • 펌제의 작용과 특성에 관한 지식 • 볼륨 매직 헤어펌에 관한 지식 • 볼륨 매직 헤어펌에 필요한 펌제 사용법 • 볼륨 매직 헤어펌 도구 및 기기사용법 • 볼륨 매직 헤어펌 작업 시 모발의 전 · 중 · 후 처리 기법에 대한 지식
기술(S)	• 헤어트렌드 분석 능력 • 스타일 상담과 이미지연출 능력 • 펌제의 사용과 볼륨 매직기 선택 능력 • 볼륨 매직 헤어펌의 기기, 도구, 재료를 사용하는 능력 • 펌제 작용시간을 판단하는 능력 • 모발 손상을 최소화하는 기술 • 볼륨 매직 헤어펌 작업 시 모발의 전 · 중 · 후 처리 기술

태도(A)	• 고객만족을 위해 노력하는 자세 • 고객의 불편을 확인하고 대처하는 자세 • 디자인의 창의성과 완성도를 높이려는 태도 • 볼륨 매직기 사용 시 고객의 안전을 살피는 자세 • 서비스 제공 시 두피를 자극하지 않도록 주의하는 자세

1. 볼륨 매직 헤어펌 준비하기

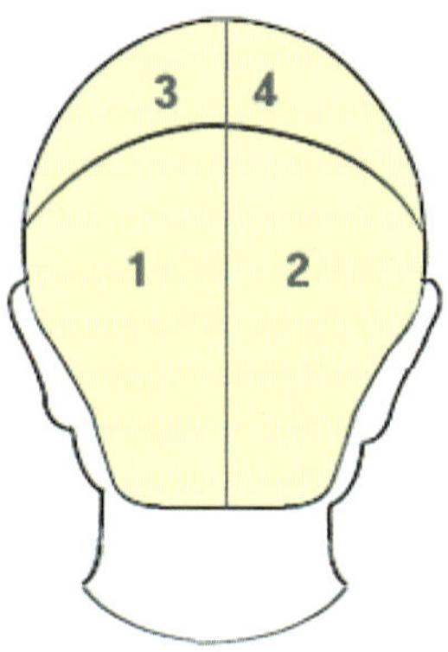

약액 도포 순서

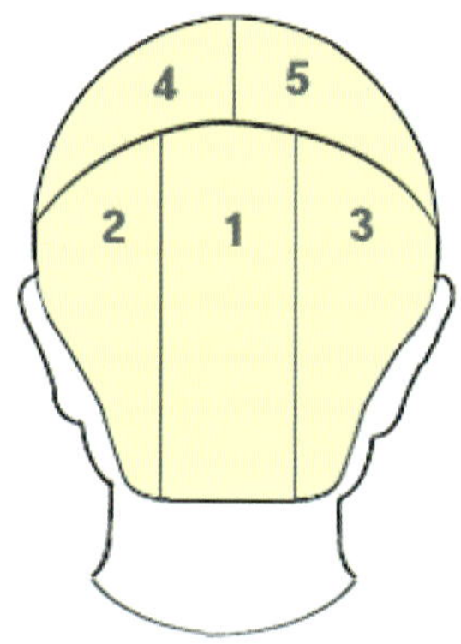

아이론 시술 순서

로드 및 도구

※ 모질의 상태에 따라 펌제 선택과 방치 시간은 조정되어야 함

모델 데이터	시술 내용
· 모델 나이 : 30대 후반 · 얼굴형태 : 장방형 · 외형적 특징 : 키가 작고 마른 체형 · 모발 길이 : 미디엄(23cm) · 모발 굵기 : 보통 · 모량/질감 : 보통/가벼움 · 모발의 형태 : 파상모 · 모발 손상 유무 : 보통 · 염색 및 웨이브 유무 : 염색모	· 시술 약액 : 매직약 · 시술 도구 : 핀셋, 꼬리빗, 볼륨 매직기 · 시술 온도 : 160℃ · 연화 타임 : 모근에서 8cm 정도 모발-자연방치 15분 나머지 모발-5분
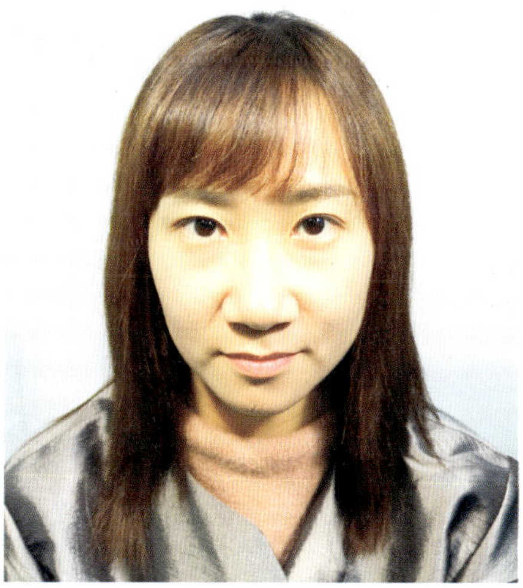	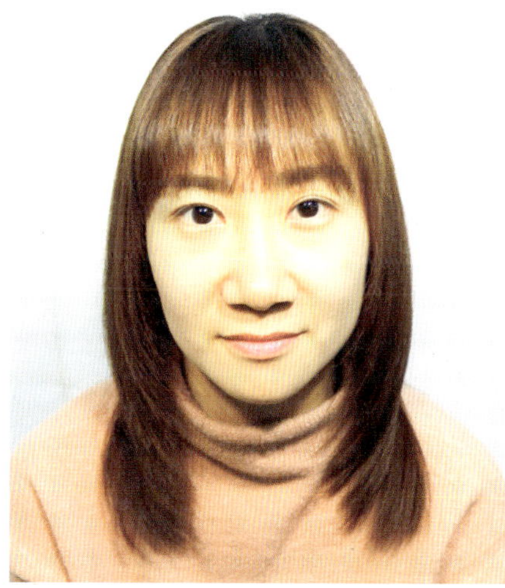
시술 전	시술 후

※ 모델에게 직접 시술 시 개인정보 수집 및 사전동의서, 미용 요금 상세주문내역서(P.246) 참고 바람.

2. 볼륨 매직 헤어펌 시술하기

1
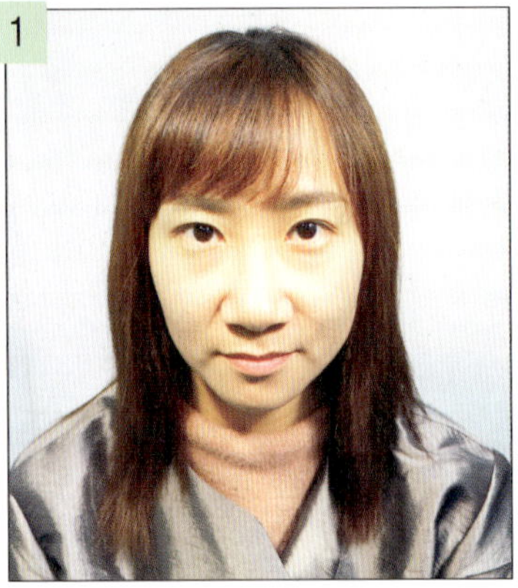
2
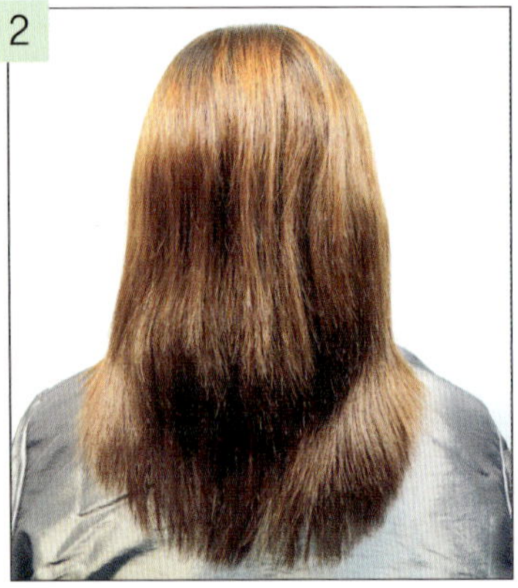
3
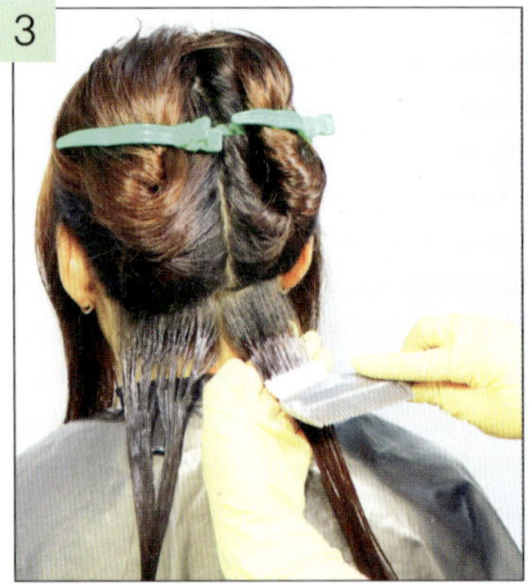

①~② 시술 전 헤어스타일
③~⑤ 모근에서 1.5cm 띄우고 8cm 정도 매직약액을 1차적으로 도포함

4
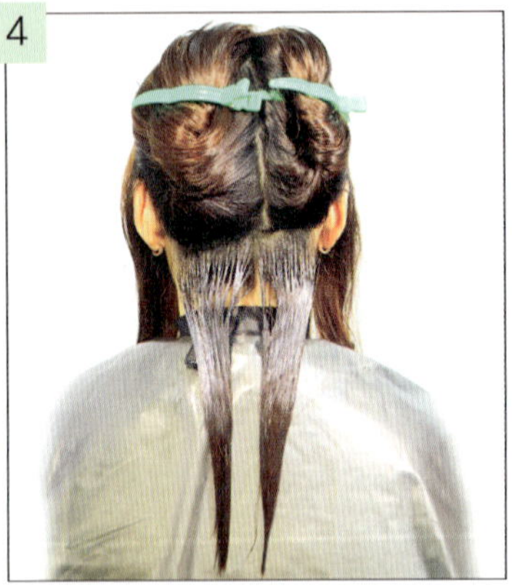
5
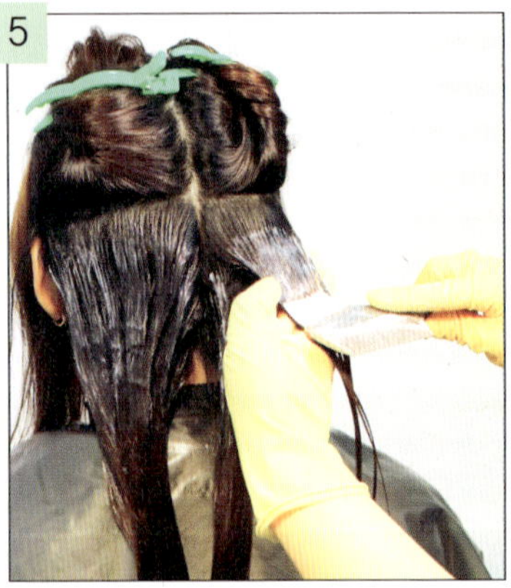
6

⑥ 백 부분 약액 도포한 상태

7
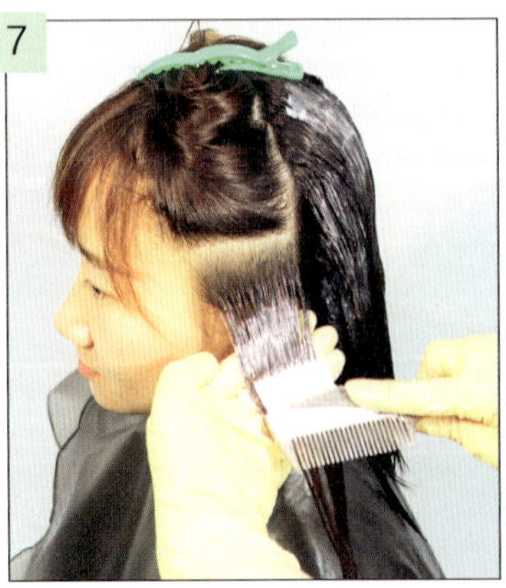
8
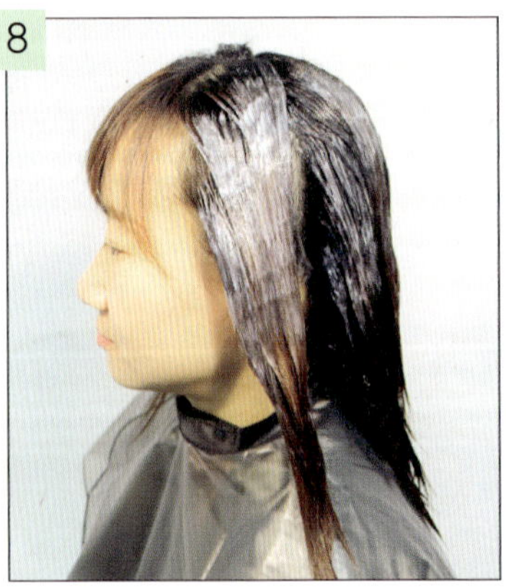
9
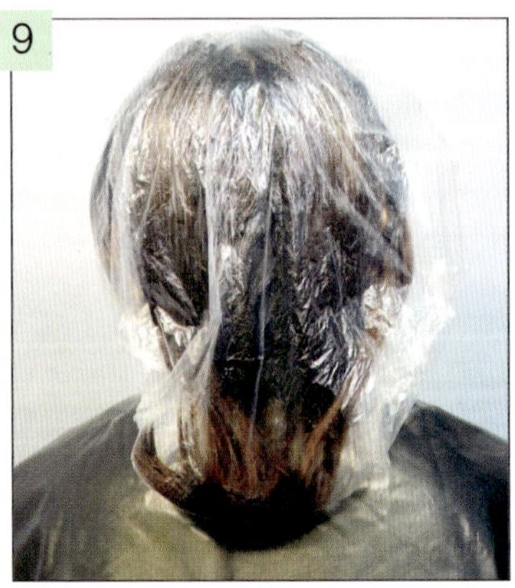

⑦ 사이드 부분도 동일하게 도포함
⑧ 환원제 작용이 잘 이루어질 수 있도록 비닐캡을 씌움(자연방치 15분)

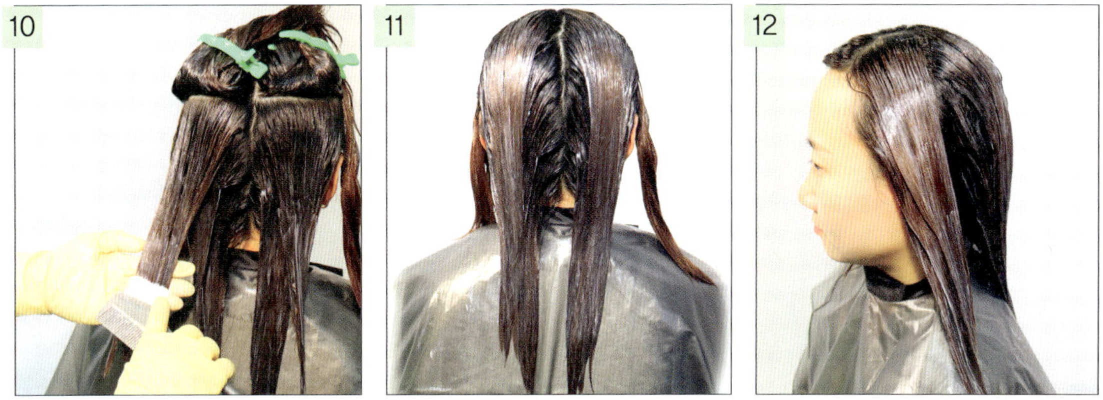

⑩~⑫ 모발 끝 부분 2차 도포 진행(자연방치 5분)

⑬ 컬 테스트를 진행함
- 당겨보기 : 모발을 당겨서 1.5배 이상 늘어날 때
- C컬 형성해 보기 : 컬의 형태가 그대로 유지될 때

⑮ 연화가 충분히 이루어지면 물로 환원세를 깨끗이 헹구어 냄

⑯ 헹구고 난 직후

⑰~⑱ 프레스 작업 전 전처리제 오일을 바르고 모발을 건조시킴(수분 10% 내외로 건조)

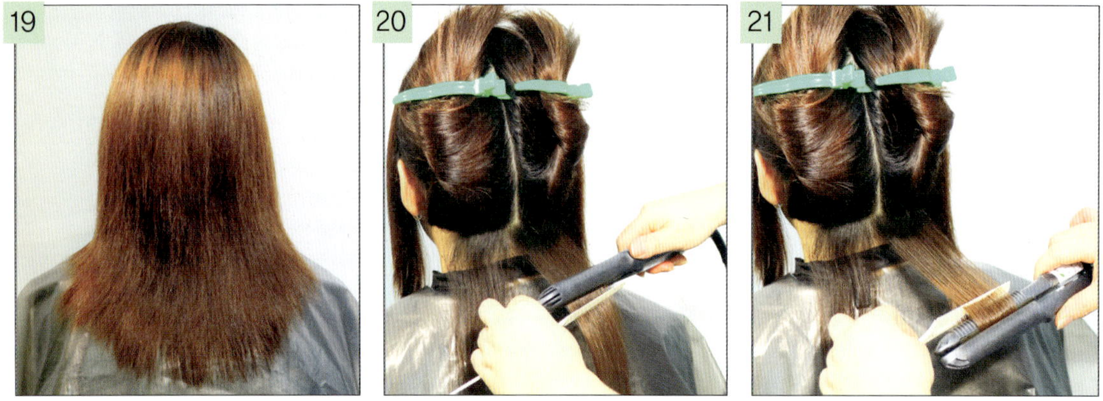

⑲ 모발이 건조된 상태
⑳ 모근 부분은 곱슬기를 스트레이트로 펴줌

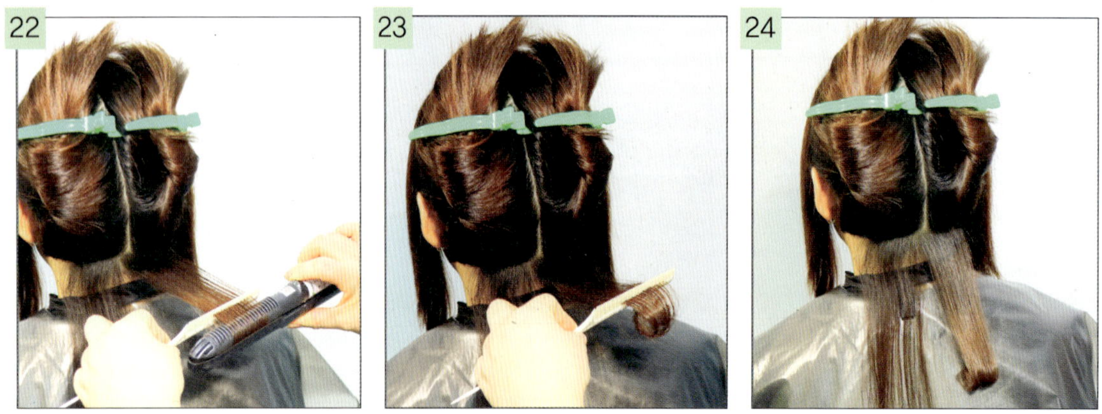

㉑ ~ ㉖ 모선 끝부분에서 한 바퀴 반 정도 뜸을 천천히 들이며 말아줌

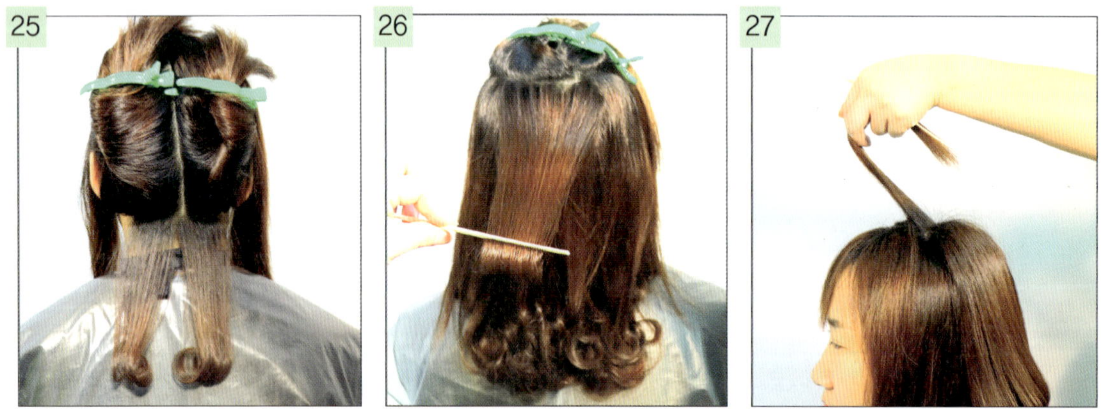

㉗ ~ ㉙ 탑 부분은 135° 로 각도를 들어서 아이론을 넣고 뿌리 볼륨을 살려줌

28

29

30

㉚ 뿌리 모근을 살려준 후 스트레이트로 다시 펴고 모선은 한 바퀴 반 정도 말아 줌

31
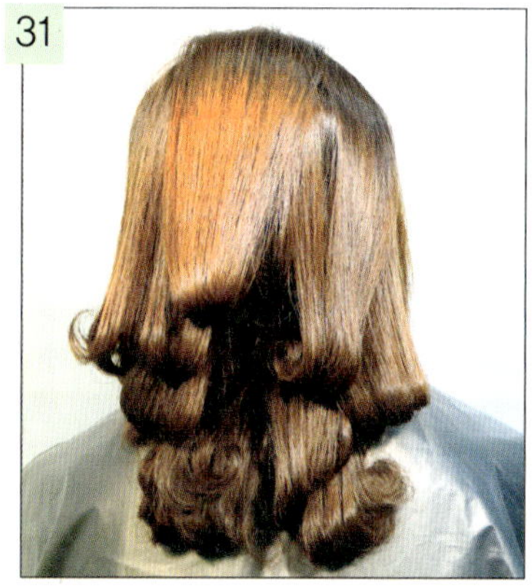
32

33

㉜ ~ ㉞사이드는 후대각 섹션으로 나누고 동일한 방법으로 진행함

34

35
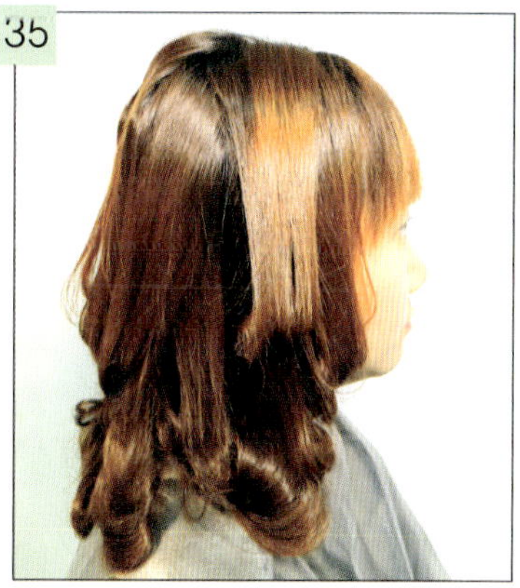
36

㉟ 사이드 볼륨매직이 완성된 상태
㊱ 앞머리도 말아줌

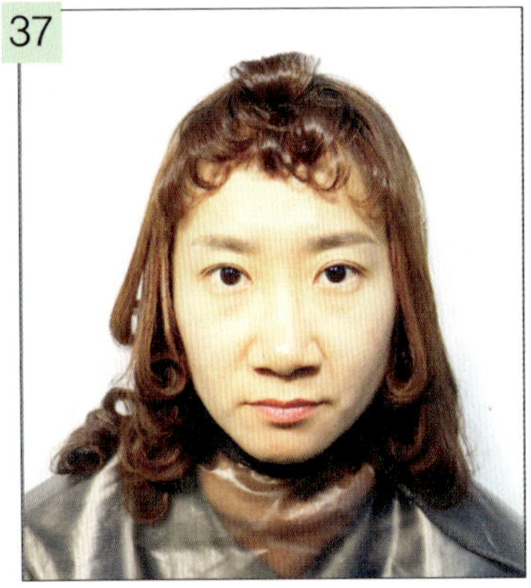

㊲ ~ ㊴ 볼륨매직 와인딩이 끝난 상태

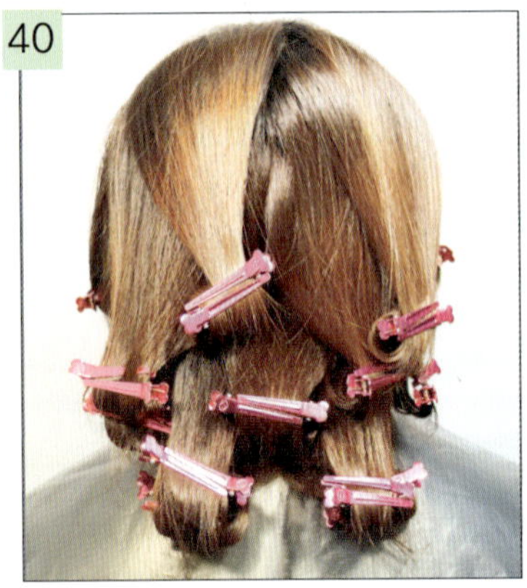

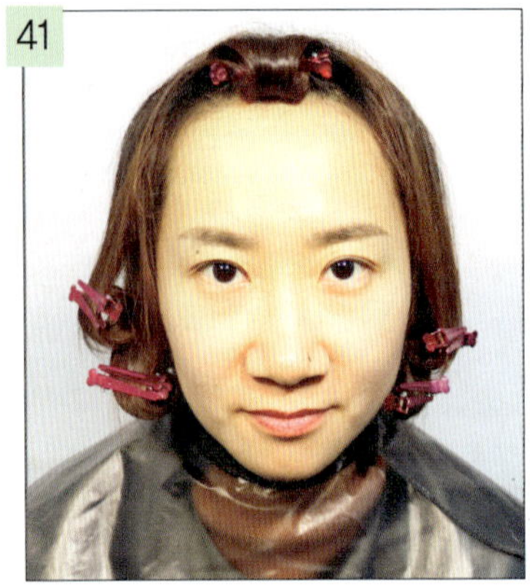

㊵ ~ ㊶ 중화를 하기 위해 핀컬 핀으로 웨이브를 고정 시킴
㊷ ~ ㊸ 모근 부분을 먼저 중화하고 나머지 부분도 바로 진행(분무중화)
(과산화수소 7분)

㊹ 중화가 끝난 상태

㊺ 산성샴푸로 샴푸를 한 후 후처리 트리트먼트를 진행함
㊻ 모발의 수분을 건조시킴

㊼ ~ ㊾ 완전 건조된 모습
에센스로 마무리

3. 볼륨 매직 헤어펌 마무리하기

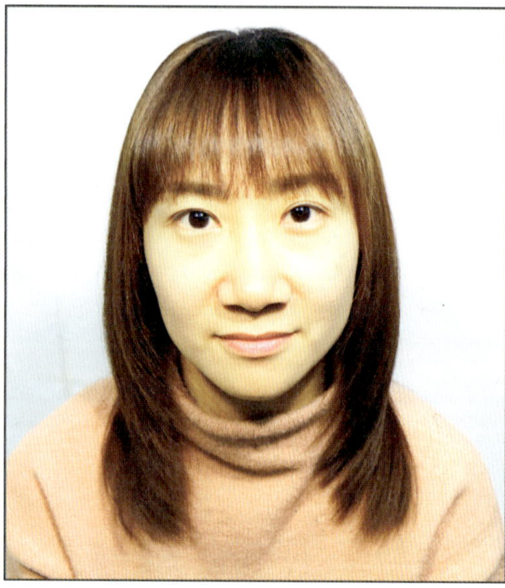

앞(FRONT)

뒤(BACK)

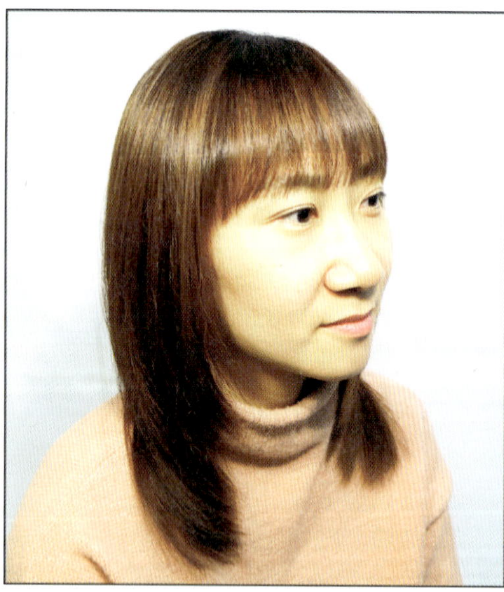

오른쪽(RIGHT SIDE)

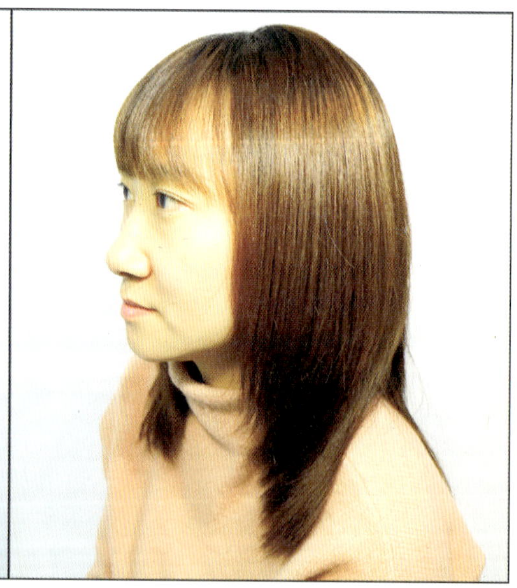

왼쪽(LEFT SIDE)

실습과정사진

사 진		설 명
		• • •
		• • •
		• • •
		• • •
		• • •

실습완료사진	
앞(FRONT)	뒤(BACK)
오른쪽(RIGHT SIDE)	왼쪽(LEFT SIDE)

단원평가

볼륨 매직 헤어펌 실습에 대한 장점과 단점, 그리고 느낀 점을 쓰시오.

1. 장점

2. 단점

3. 느낀 점

학생 자가진단 및 교수평가

진단영역	진단문항	학생 평가					교수 평가				
		매우미흡	미흡	보통	우수	매우우수	매우미흡	미흡	보통	우수	매우우수
볼륨 매직 헤어펌 하기	1. 고객의 요구, 고객의 특성과 라이프스타일 및 모발상태를 고려하여 볼륨 매직 헤어펌을 디자인하고 제안할 수 있다.	①	②	③	④	⑤	①	②	③	④	⑤
	2. 디자인 연출을 위한 펌제, 볼륨매직아이론의 굵기, 처리시간 등을 결정할 수 있다.	①	②	③	④	⑤	①	②	③	④	⑤
	3. 볼륨 매직 헤어펌을 위한 연화작업을 진행한 후 모발에 있는 펌제를 깨끗하게 헹구어 낼 수 있다.	①	②	③	④	⑤	①	②	③	④	⑤
	4. 볼륨매직아이론을 사용하여 원하는 부분에 볼륨 또는 웨이브를 연출할 수 있다.	①	②	③	④	⑤	①	②	③	④	⑤
	5. 볼륨매직 헤어펌 작업이 끝난 모발에 중화처리를 할 수 있다.	①	②	③	④	⑤	①	②	③	④	⑤
볼륨 매직 헤어펌 마무리하기	1. 볼륨 매직 헤어펌 유형에 따라 마무리 세척을 할 수 있다.	①	②	③	④	⑤	①	②	③	④	⑤
	2. 볼륨 매직 헤어펌 유형에 따른 마무리를 위해 모발에 잔여 수분함량을 조절할 수 있다.	①	②	③	④	⑤	①	②	③	④	⑤
	3. 볼륨 매직 헤어펌 유형에 따라 헤어스타일 연출 제품을 사용하여 마무리할 수 있다.	①	②	③	④	⑤	①	②	③	④	⑤
	4. 고객에게 볼륨 매직 헤어펌 손질법을 설명할 수 있다.	①	②	③	④	⑤	①	②	③	④	⑤

[진단결과]

진단영역	문항 수	점수	점수 ÷ 문항 수	문항 수	점수	점수 ÷ 문항 수
볼륨 매직 헤어펌하기	5			5		
볼륨 매직 헤어펌 마무리하기	4			4		
합 계	9			9		

* 자신의 점수를 문항 수로 나눈 값이 '3점' 이하에 해당하는 영역은 업무를 성공적으로 수행하는 데 요구되는 능력이 부족하다는 의미이므로 교육훈련이나 개인학습을 통한 개발이 필요함

[교수자 피드백]

얼굴형과 모발 길이에 따른 〈볼륨 매직 헤어펌〉

예시) 장방형 얼굴형에 따른 모발 길이와 시술내용 분석

<table>
<tr><th>모발의 길이</th><th>이미지 사진</th><th>시술내용분석</th></tr>
<tr><td rowspan="2">숏</td><td rowspan="2"></td><td>모발조건 : 건강모일 경우</td></tr>
<tr><td></td></tr>
<tr><td rowspan="2">미디엄</td><td rowspan="2"></td><td>모발조건 : 손상모일 경우</td></tr>
<tr><td></td></tr>
<tr><td rowspan="2">롱</td><td rowspan="2"></td><td>모발조건 : 신생모(건강모)+기염부 (손상모)의 혼합일 경우</td></tr>
<tr><td></td></tr>
</table>

14th week

창작 디자인 헤어펌 Ⅰ (콜드펌)

1. 창작 디자인 헤어펌 준비하기
2. 창작 디자인 헤어펌 시술하기
3. 창작 디자인 헤어펌 마무리하기

학습내용(단원명)	수업 목표
창작 디자인 헤어펌 Ⅰ 〈콜드펌〉	• 고객기록차트를 수행할 수 있다. • 모질과 외형적 특징을 파악하고 모질에 따른 펌제를 선택하여 수행할 수 있다. • 고객의 얼굴형과 외형적 특징에 따른 콜드 퍼머넌트 웨이브를 창의력 있게 디자인을 수행할 수 있다. • 퍼머넌트 웨이브 시술 후 마무리를 수행할 수 있다.

<table>
<tr><th colspan="6">고객 기록 카드</th></tr>
<tr><td>성명(성별)</td><td>(남,여)</td><td>생년월일</td><td></td><td>담당 디자이너</td><td></td></tr>
<tr><td>주소</td><td colspan="3"></td><td>전화번호</td><td></td></tr>
<tr><td>직업</td><td></td><td>시술일자</td><td></td><td>이전 시술일</td><td></td></tr>
<tr><td>두피상태</td><td colspan="5">□ 건성 □ 지성 □ 민감성 □ 지루성</td></tr>
<tr><td>두상 및 얼굴형태</td><td colspan="5">□ 타원형 □ 둥근형 □ 장방형 □ 사각형 □ 역삼각형 □ 마름모형</td></tr>
<tr><td>외형적 특징</td><td colspan="5">□ 키가 크고 마른 체형 □ 키가 크고 통통한 체형 □ 키가 작고 마른 체형
□ 키가 작고 통통한 체형 □ 목이 길고 가는 체형 □ 목이 짧고 통통한 체형</td></tr>
<tr><td rowspan="7">모발 상태 진단</td><td>모발의 길이</td><td colspan="4">네이프(nape) : 탑(top) : 사이드(side) :</td></tr>
<tr><td>모발의 굵기</td><td colspan="4">□ 가는 모발 □ 중간 모발 □ 굵은 모발</td></tr>
<tr><td>모량/질감</td><td colspan="4">□ 적음 □ 보통 □ 많음 / □ 가벼움 □ 보통 □ 무거움</td></tr>
<tr><td>모발의 형태 및 특성</td><td colspan="4">□ 직모 □ 파상모 □ 축모</td></tr>
<tr><td>모발의 손상유무</td><td colspan="4">□ 손상 없음 □ 적음 □ 보통 □ 많음</td></tr>
<tr><td>염색 및 웨이브 유무</td><td colspan="4">□ 염색모발 □ 웨이브모발</td></tr>
<tr><td>특이사항</td><td colspan="4"></td></tr>
<tr><td colspan="6">고객이 원하는 스타일의 이미지</td></tr>
<tr><td rowspan="3">시술내용 및 결과</td><td></td><td></td><td colspan="2"></td><td></td></tr>
<tr><td>〈정면〉</td><td>〈뒷면〉</td><td colspan="3">〈측면〉</td></tr>
<tr><td>상담내용</td><td colspan="4"></td></tr>
</table>

<table>
<tr><td rowspan="10">시술내용
및
결과</td><td colspan="2">디자인 결정(펌 도해도)</td></tr>
<tr><td colspan="2">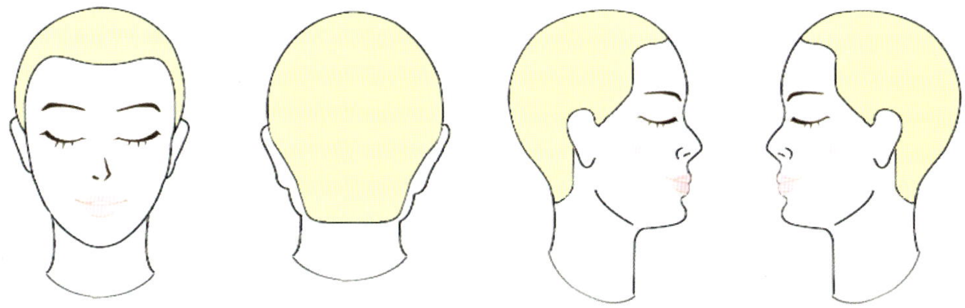
〈정면〉 〈뒷면〉 〈측면〉</td></tr>
<tr><td>디자인 설명</td><td></td></tr>
<tr><td>사용기자재</td><td></td></tr>
<tr><td>펌제(단위/수량)</td><td></td></tr>
<tr><td>와인딩</td><td>□ 크로키놀 □ 스파이럴 □ 트위스트 □ 백 트위스트
□ 볼륨매직 □ 매직 스트레이트 □ 아이론 □ 디지털세팅</td></tr>
<tr><td>시술순서(방법) /
시간</td><td></td></tr>
<tr><td>스타일링 제품 선정</td><td></td></tr>
<tr><td>특이사항/기대사항</td><td></td></tr>
<tr><td>시술요금</td><td>(서명)</td></tr>
</table>

<table>
<tr><td rowspan="4">시술내용
및
결과</td><td colspan="4">시술결과사진</td></tr>
<tr><td></td><td></td><td></td><td></td></tr>
<tr><td>〈정면〉</td><td>〈뒷면〉</td><td colspan="2">〈측면〉</td></tr>
<tr><td>시술 후 고객만족도</td><td colspan="3"></td></tr>
</table>

개인정보 수집 및 사진 이용 동의서

본인은
현재 헤어시술 모델과 관련하여 개인정보 제공 및 시술이미지 사진을 활용하는 것에 동의합니다.

1. 목　　적 : 퍼머넌트 웨이브 실기 교과과정
2. 수집항목 : 본인 얼굴 이미지와 시술과정 사진

■ 본인

· 성　　명 : ____________________ (서명)
· 생년월일 : ____________________
· 주　　소 : ____
· 확인(시술자) ____________________ (서명)

개인정보보호법 제 15조

개인정보 수집·이용에 동의	동의 ☐	미동의 ☐
사진 활용에 동의	동의 ☐	미동의 ☐

■ 본인은 헤어 모델과 시술에 관련하여 어떠한 이의도 제기하지 않겠다는 것에 동의합니다.

20　년　　월　　일

____________________ (서명)

미용요금 상세 주문내역서

20 년 월 일

고객성명	□ 남 □ 여	핸드폰 (SNS)	□ 수신 □ 수신안함
담당자		생일	
방문경로	□ 블로그 □ 까페 □ 간판 □ 재방문 □ 소개 ( ) □ 기타		

시술내용		기본요금	추가요금	비고
컷트	□ 남 □ 여 □ 학생 □ 디자인컷 □ 앞머리			
펌	□ 앞머리 □ 다운펌 □ 기본펌 □ 영양펌 □ 열펌 □ 뿌리펌			
염색	□ 뿌리염색 □ 전체염색 □ 탈 색 □ 헤나/왁싱 □ 와칸			
크리닉	□ 기본 □ 특수			
두피 스켈링				
스켈링 컷				
드라이				
샴푸				
업스타일				
점판				

할인/서비스	(%) /
총 합계	
결제방법	□ 현금 □ 카드 □ 회원권

고객 확인	(서명)	담당자 (원장, 부원장, 점장, 실장, 디자이너, 매니저)	(서명)

1. 창작 디자인 헤어펌 준비하기

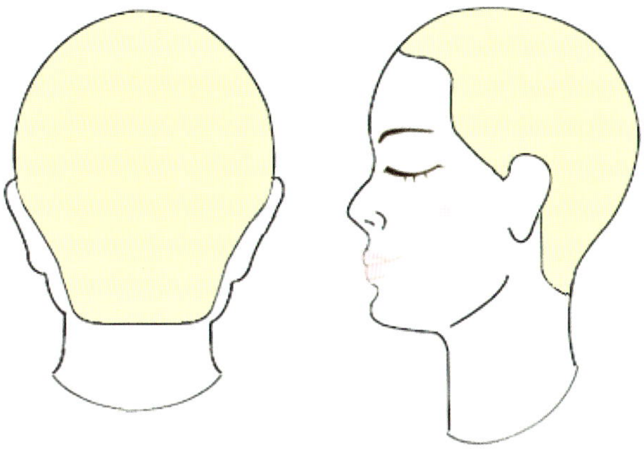

섹션 / 와인딩 순서

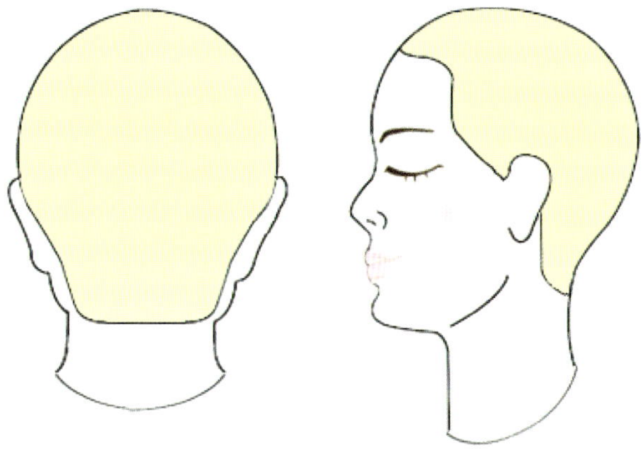

도해도

로드 및 도구

기온 착용

※ 모질의 상태에 따라 펌제 선택과 방치 시간은 조정되어야 함

모델 데이터	시술 내용
시술 전	시술 후

※ 모델에게 직접 시술 시 개인정보 수집 및 사전동의서, 미용 요금 상세주문내역서 P246 참고바람.

2. 창작 디자인 헤어펌 시술하기

1	2	3

4	5	6

7	8	9

10	11	12

13	14	15

16	17	18

19	20	21

22	23	24

25	26	27

3. 창작 디자인 헤어펌 마무리하기

앞(FRONT)	뒤(BACK)
오른쪽(RIGHT SIDE)	왼쪽(LEFT SIDE)

단원평가

창작 디자인 응용 펌 I (콜드펌) 실습에 대한 장점과 단점 그리고 느낀 점을 쓰시오.

1. 장점

2. 단점

3. 느낀 점

학생 자가진단 및 교수평가

능력단위명 〈코드〉		디자인 헤어펌하기 〈1201010134_16v3〉									
진단 영역	진 단 문 항	학생 평가					교수 평가				
		매우 미흡	미흡	보통	우수	매우 우수	매우 미흡	미흡	보통	우수	매우 우수
디자인 헤어펌 하기	1. 고객의 특성과 라이프 스타일에 어울리는 디자인 헤어펌 이미지를 상담할 수 있다.	①	②	③	④	⑤	①	②	③	④	⑤
	2. 고객의 요구를 반영한 창의적인 헤어펌을 디자인할 수 있다.	①	②	③	④	⑤	①	②	③	④	⑤
	3. 디자인 연출을 위한 펌제와 다양한 로드를 선택할 수 있다.	①	②	③	④	⑤	①	②	③	④	⑤
	4. 다양한 와인딩 기법으로 디자인 헤어펌을 와인딩한 후 1제를 도포하고 처리시간을 설정할 수 있다.	①	②	③	④	⑤	①	②	③	④	⑤
	5. 원하는 디자인 펌의 웨이브형성을 테스트컬한 후 중화처리 할 수 있다.	①	②	③	④	⑤	①	②	③	④	⑤
디자인 헤어펌 마무리 하기	1. 헤어펌 유형에 따라 로드오프하여 마무리 세척을 할 수 있다.	①	②	③	④	⑤	①	②	③	④	⑤
	2. 헤어펌 유형에 따라 헤어스타일링을 위해 모발에 잔여 수분함량을 조절할 수 있다.	①	②	③	④	⑤	①	②	③	④	⑤
	3. 헤어스타일 연출 제품을 사용하여 마무리할 수 있다.	①	②	③	④	⑤	①	②	③	④	⑤
	4. 고객에게 홈케어 방법을 설명하고 필요한 제품을 추천할 수 있다.	①	②	③	④	⑤	①	②	③	④	⑤

[진단결과]

진단영역	문항 수	점수	점수 ÷ 문항 수	문항 수	점수	점수 ÷ 문항 수
디자인 헤어펌하기	5			5		
디자인 헤어펌 마무리하기	4			4		
합 계	9			9		

* 자신의 점수를 문항 수로 나눈 값이 '3점' 이하에 해당하는 영역은 업무를 성공적으로 수행하는 데 요구되는 능력이 부족하다는 의미이므로 교육훈련이나 개인학습을 통한 개발이 필요함

[교수자 피드백]

15th week 창작 디자인 헤어펌 Ⅱ (열펌)

1. 창작 디자인 헤어펌 준비하기
2. 창작 디자인 헤어펌 시술하기
3. 창작 디자인 헤어펌 마무리하기

학습내용(단원명)	수업 목표
창작 디자인 응용펌 Ⅱ 〈열펌〉	• 고객기록차트를 수행할 수 있다. • 모질과 외형적 특징을 파악하고 모질에 따른 펌제를 선택하여 수행할 수 있다. • 고객의 얼굴형과 외형적 특징에 따른 열 퍼머넌트 웨이브를 창의력 있게 디자인을 수행할 수 있다. • 퍼머넌트 웨이브 시술 후 마무리를 수행할 수 있다.

<table>
<tr><th colspan="6">고객 기록 카드</th></tr>
<tr><td>성명(성별)</td><td>(남,여)</td><td>생년월일</td><td></td><td>담당
디자이너</td><td></td></tr>
<tr><td>주소</td><td colspan="3"></td><td>전화번호</td><td></td></tr>
<tr><td>직업</td><td></td><td>시술일자</td><td></td><td>이전
시술일</td><td></td></tr>
<tr><td>두피상태</td><td colspan="5">□ 건성 □ 지성 □ 민감성 □ 지루성</td></tr>
<tr><td>두상 및
얼굴형태</td><td colspan="5">□ 타원형 □ 둥근형 □ 장방형 □ 사각형 □ 역삼각형 □ 마름모형</td></tr>
<tr><td>외형적 특징</td><td colspan="5">□ 키가 크고 마른 체형 □ 키가 크고 통통한 체형 □ 키가 작고 마른 체형
□ 키가 작고 통통한 체형 □ 목이 길고 가는 체형 □ 목이 짧고 통통한 체형</td></tr>
<tr><td rowspan="7">모발 상태
진단</td><td>모발의 길이</td><td colspan="4">네이프(nape) : 탑(top) : 사이드(side) :</td></tr>
<tr><td>모발의 굵기</td><td colspan="4">□ 가는 모발 □ 중간 모발 □ 굵은 모발</td></tr>
<tr><td>모량/질감</td><td colspan="4">□ 적음 □ 보통 □ 많음 / □ 가벼움 □ 보통 □ 무거움</td></tr>
<tr><td>모발의 형태 및 특성</td><td colspan="4">□ 직모 □ 파상모 □ 축모</td></tr>
<tr><td>모발의 손상유무</td><td colspan="4">□ 손상 없음 □ 적음 □ 보통 □ 많음</td></tr>
<tr><td>염색 및 웨이브 유무</td><td colspan="4">□ 염색모발 □ 웨이브모발</td></tr>
<tr><td>특이사항</td><td colspan="4"></td></tr>
<tr><td colspan="6">고객이 원하는 스타일의 이미지</td></tr>
<tr><td rowspan="3">시술내용
및
결과</td><td></td><td></td><td></td><td colspan="2"></td></tr>
<tr><td>〈정면〉</td><td>〈뒷면〉</td><td colspan="3">〈측면〉</td></tr>
<tr><td>상담내용</td><td colspan="4"></td></tr>
</table>

<table>
<tr><td rowspan="11">시술내용
및
결과</td><td colspan="3">디자인 결정 (펌 도해도)</td></tr>
<tr><td colspan="3">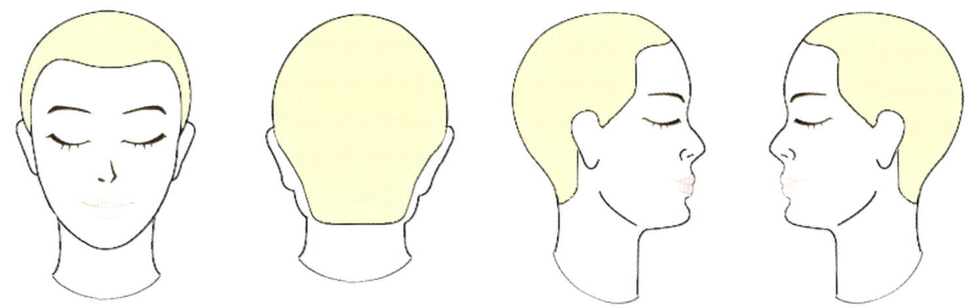</td></tr>
<tr><td>〈정면〉</td><td>〈뒷면〉</td><td>〈측면〉</td></tr>
<tr><td>디자인 설명</td><td colspan="2"></td></tr>
<tr><td>사용기자재</td><td colspan="2"></td></tr>
<tr><td>펌제 (단위/수량)</td><td colspan="2"></td></tr>
<tr><td>와인딩</td><td colspan="2">□ 크로키놀 □ 스파이럴 □ 트위스트 □ 백 트위스트
□ 볼륨매직 □ 매직 스트레이트 □ 아이론 □ 디지털세팅</td></tr>
<tr><td>시술순서(방법) /
시간</td><td colspan="2"></td></tr>
<tr><td>스타일링 제품 선정</td><td colspan="2"></td></tr>
<tr><td>특이사항/기대사항</td><td colspan="2"></td></tr>
<tr><td>시술요금</td><td colspan="2">(서명)</td></tr>
</table>

<table>
<tr><td rowspan="4">시술내용
및
결과</td><td colspan="4">시술결과사진</td></tr>
<tr><td></td><td></td><td></td><td></td></tr>
<tr><td>〈정면〉</td><td>〈뒷면〉</td><td colspan="2">〈측면〉</td></tr>
<tr><td>시술 후 고객만족도</td><td colspan="3"></td></tr>
</table>

개인정보 수집 및 사진 이용 동의서

본인은
현재 헤어시술 모델과 관련하여 개인정보 제공 및 시술이미지 사진을 활용하는 것에 동의합니다.

1. 목　　적 : 퍼머넌트 웨이브 실기 교과과정
2. 수집항목 : 본인 얼굴 이미지와 시술과정 사진

■ 본인

·성　　명 : ____________________ (서명)

·생년월일 : ____________________

·주　　소 : ____

·확인(시술자) ____________________ (서명)

개인정보보호법 제 15조

개인정보 수집·이용에 동의	동의	미동의
사진 활용에 동의	동의	미동의

■ 본인은 헤어 모델과 시술에 관련하여 어떠한 이의도 제기하지 않겠다는 것에 동의합니다.

20　년　　월　　일

____________________ (서명)

미용요금 상세 주문내역서

20　　년　　월　　일

고객성명	□ 남 □ 여	핸드폰 (SNS)	□ 수신 □ 수신안함
담당자		생일	
방문경로	□ 블로그 □ 까페 □ 간판 □ 재방문 □ 소개 (　　　　) □ 기타		

시술내용		기본요금	추가요금	비고
컷트	□ 남 □ 여 □ 학생 □ 디자인컷 □ 앞머리			
펌	□ 앞머리 □ 다운펌 □ 기본펌 □ 영양펌 □ 열펌 □ 뿌리펌			
염색	□ 뿌리염색 □ 전체염색 □ 탈 색 □ 헤나/왁싱 □ 와칸			
크리닉	□ 기본 □ 특수			
두피 스켈링				
스켈링 컷				
드라이				
샴푸				
업스타일				
점판				

할인/서비스	(%) /
총 합계	
결제방법	□ 현금 □ 카드 □ 회원권

고객 확인	(서명)	담당자 (원장, 부원장, 점장, 실장, 디자이너, 매니저)	(서명)

1. 창작 디자인 헤어펌 준비하기

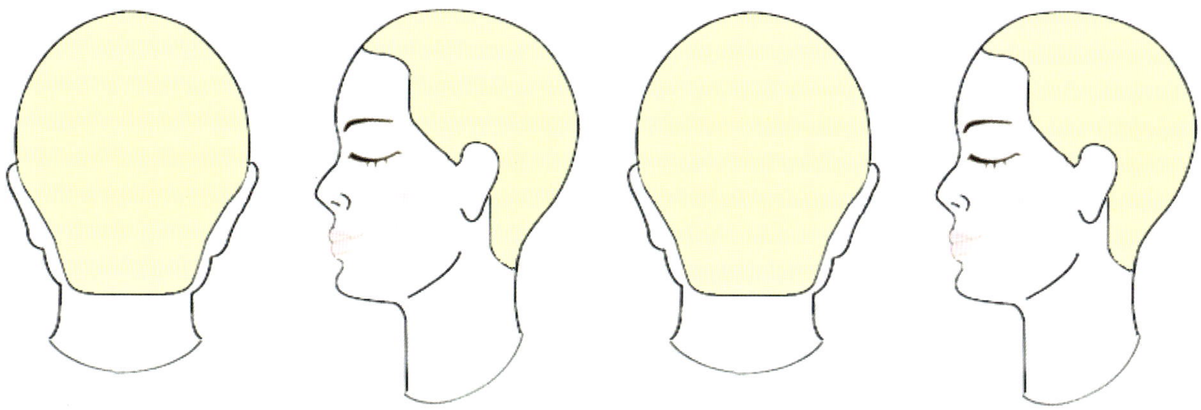

섹션 / 와인딩 순서

도해도

로드 및 도구

가운 착용

※ 모질의 상태에 따라 펌제 선택과 방치 시간은 조정되어야 함

모델 데이터	시술 내용
시술 전	시술 후

※ 모델에게 직접 시술 시 개인정보 수집 및 사전동의서, 미용 요금 상세주문내역서(P.246) 참고 바람.

2. 창작 디자인 헤어펌 시술하기

1	2	3
4	5	6
7	8	9

10	11	12

13	14	15

16	17	18

19

20

21

22

23

24

25

26

27

3. 창작 디자인 헤어펌 마무리하기

앞(FRONT)	뒤(BACK)
오른쪽(RIGHT SIDE)	왼쪽(LEFT SIDE)

단원평가

창작 디자인 응용 펌 Ⅱ (열펌) 실습에 대한 장점과 단점 그리고 느낀 점을 쓰시오.

1. 장점

2. 단점

3. 느낀점

학생 자가진단 및 교수평가

능력단위명 〈코드〉		디자인 헤어펌하기 〈1201010134_16v3〉									
진단 영역	진 단 문 항	학생 평가					교수 평가				
		매우 미흡	미흡	보통	우수	매우 우수	매우 미흡	미흡	보통	우수	매우 우수
디자인 헤어펌 하기	1. 고객의 특성과 라이프 스타일에 어울리는 디자인 헤어펌 이미지를 상담할 수 있다.	①	②	③	④	⑤	①	②	③	④	⑤
	2. 고객의 요구를 반영한 창의적인 헤어펌을 디자인할 수 있다.	①	②	③	④	⑤	①	②	③	④	⑤
	3. 디자인 연출을 위한 펌제와 다양한 로드를 선택할 수 있다.	①	②	③	④	⑤	①	②	③	④	⑤
	4. 다양한 와인딩 기법으로 디자인 헤어펌을 와인딩한 후 1제를 도포하고 처리시간을 설정할 수 있다.	①	②	③	④	⑤	①	②	③	④	⑤
	5. 원하는 디자인 펌의 웨이브형성을 테스트컬한 후 중화처리 할 수 있다.	①	②	③	④	⑤	①	②	③	④	⑤
디자인 헤어펌 마무리 하기	1. 헤어펌 유형에 따라 로드오프하여 마무리 세척을 할 수 있다.	①	②	③	④	⑤	①	②	③	④	⑤
	2. 헤어펌 유형에 따라 헤어스타일링을 위해 모발에 잔여 수분함량을 조절할 수 있다.	①	②	③	④	⑤	①	②	③	④	⑤
	3. 헤어스타일 연출 제품을 사용하여 마무리할 수 있다.	①	②	③	④	⑤	①	②	③	④	⑤
	4. 고객에게 홈케어 방법을 설명하고 필요한 제품을 추천할 수 있다.	①	②	③	④	⑤	①	②	③	④	⑤

[진단결과]

진단영역	문항 수	점수	점수 ÷ 문항 수	문항 수	점수	점수 ÷ 문항 수
디자인 헤어펌하기	5			5		
디자인 헤어펌 마무리하기	4			4		
합 계	9			9		

* 자신의 점수를 문항 수로 나눈 값이 '3점' 이하에 해당하는 영역은 업무를 성공적으로 수행하는 데 요구되는 능력이 부족하다는 의미이므로 교육훈련이나 개인학습을 통한 개발이 필요함

[교수자 피드백]

memo

<table>
<tr><th colspan="3">교과명 : 헤어 퍼머넌트 웨이브(　　　차) 수행 평가서</th></tr>
<tr><td>교수명
(학습자명)</td><td colspan="2"></td></tr>
<tr><td>학생명
(피평가자명)</td><td colspan="2"></td></tr>
<tr><td>평가방법</td><td colspan="2">평가자 체크리스트</td></tr>
<tr><td>능력단위(요소)명
/코드명</td><td colspan="2">디자인 헤어펌 〈1201010134_17v4〉 /
디자인 헤어펌 하기
디자인 헤어펌 마무리하기</td></tr>
<tr><td rowspan="4">평가계획</td><td>평가 1 : (Pass/Fail)</td><td>날짜 : 20　년　월　일</td></tr>
<tr><td>재평가 2 : (Pass/Fail)</td><td>날짜 : 20　년　월　일</td></tr>
<tr><td>재평가 3 : (Pass/Fail)</td><td>날짜 : 20　년　월　일</td></tr>
<tr><td>최종 수행 완료 시점</td><td>〈　　번〉</td></tr>
<tr><td rowspan="3">학습내용
(단원명)</td><td></td><td></td></tr>
<tr><td>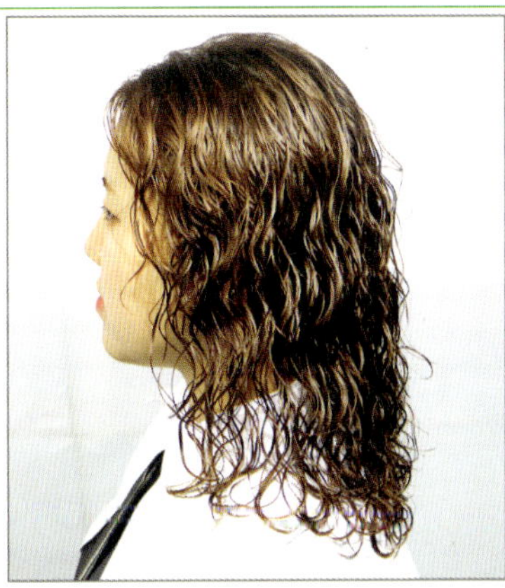</td><td></td></tr>
<tr><td colspan="2">디자인 헤어펌 (곡선라인)</td></tr>
</table>

<table>
<tr><th colspan="2" rowspan="3">평가항목(수행준거)</th><th colspan="5">성취수준</th></tr>
<tr><th>매우 미흡</th><th>미흡</th><th>보통</th><th>우수</th><th>매우 우수</th></tr>
<tr><th>①</th><th>②</th><th>③</th><th>④</th><th>⑤</th></tr>
<tr><td rowspan="5">디자인 헤어펌하기</td><td>1. 고객의 특성과 라이프 스타일에 어울리는 디자인 헤어펌 이미지를 상담할 수 있다.</td><td>①</td><td>②</td><td>③</td><td>④</td><td>⑤</td></tr>
<tr><td>2. 고객의 요구를 반영한 창의적인 헤어펌을 디자인할 수 있다.</td><td>①</td><td>②</td><td>③</td><td>④</td><td>⑤</td></tr>
<tr><td>3. 디자인 연출을 위한 펌제와 다양한 로드를 선택할 수 있다.</td><td>①</td><td>②</td><td>③</td><td>④</td><td>⑤</td></tr>
<tr><td>4. 다양한 와인딩 기법으로 디자인 헤어펌을 와인딩한 후 1제를 도포하고 처리시간을 설정할 수 있다.</td><td>①</td><td>②</td><td>③</td><td>④</td><td>⑤</td></tr>
<tr><td>5. 원하는 디자인 펌의 웨이브형성을 테스트컬한 후 중화처리 할 수 있다.</td><td>①</td><td>②</td><td>③</td><td>④</td><td>⑤</td></tr>
<tr><td rowspan="4">디자인 헤어펌 마무리하기</td><td>1. 헤어펌 유형에 따라 로드오프하여 마무리 세척을 할 수 있다.</td><td>①</td><td>②</td><td>③</td><td>④</td><td>⑤</td></tr>
<tr><td>2. 헤어펌 유형에 따라 헤어스타일링을 위해 모발에 잔여 수분함량을 조절할 수 있다.</td><td>①</td><td>②</td><td>③</td><td>④</td><td>⑤</td></tr>
<tr><td>3. 헤어스타일 연출 제품을 사용하여 마무리할 수 있다.</td><td>①</td><td>②</td><td>③</td><td>④</td><td>⑤</td></tr>
<tr><td>4. 고객에게 홈케어 방법을 설명하고 필요한 제품을 추천할 수 있다.</td><td>①</td><td>②</td><td>③</td><td>④</td><td>⑤</td></tr>
</table>

[진단결과]

진단영역	문항 수	점수	점수 ÷ 문항 수
디자인 헤어펌 하기	5		
디자인 헤어펌 마무리하기	4		
합 계	9		

*자신의 점수를 문항 수로 나눈 값이 '3점' 이하에 해당하는 영역은 업무를 성공적으로 수행하는 데 요구되는 능력이 부족하다는 의미이므로 교육훈련이나 개인학습을 통한 개발이 필요함

<table>
<tr><th colspan="3">교과명 : 헤어 퍼머넌트 웨이브(　　　차) 수행 평가서</th></tr>
<tr><td>교수명
(학습자명)</td><td colspan="2"></td></tr>
<tr><td>학생명
(피평가자명)</td><td colspan="2"></td></tr>
<tr><td>평가방법</td><td colspan="2">평가자 체크리스트</td></tr>
<tr><td>능력단위(요소)명
/코드명</td><td colspan="2">디지털세팅 헤어펌 〈1201010135_17v4〉 /
디지털세팅 헤어펌 하기
디지털세팅 헤어펌 마무리하기</td></tr>
<tr><td rowspan="4">평가계획</td><td>평가 1 : (Pass/Fail)</td><td>날짜 : 20　　년　　월　　일</td></tr>
<tr><td>재평가 2 : (Pass/Fail)</td><td>날짜 : 20　　년　　월　　일</td></tr>
<tr><td>재평가 3 : (Pass/Fail)</td><td>날짜 : 20　　년　　월　　일</td></tr>
<tr><td>최종 수행 완료 시점</td><td>〈　　　번〉</td></tr>
<tr><td rowspan="3">학습내용
(단원명)</td><td></td><td></td></tr>
<tr><td></td><td>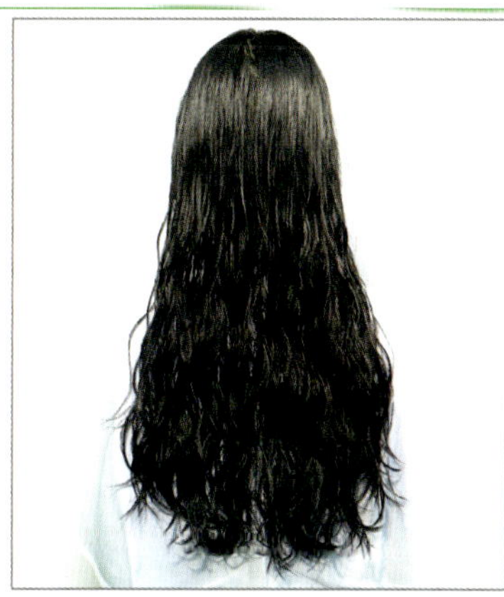</td></tr>
<tr><td colspan="2">디지털세팅 헤어펌</td></tr>
</table>

평가항목(수행준거)		성취수준				
		매우 미흡	미흡	보통	우수	매우 우수
		①	②	③	④	⑤
디자인 헤어펌하기	1. 고객의 특성과 라이프 스타일에 어울리는 디자인 헤어펌 이미지를 상담할 수 있다.	①	②	③	④	⑤
	2. 고객의 요구를 반영한 창의적인 헤어펌을 디자인할 수 있다.	①	②	③	④	⑤
	3. 디자인 연출을 위한 펌제와 다양한 로드를 선택할 수 있다.	①	②	③	④	⑤
	4. 다양한 와인딩 기법으로 디자인 헤어펌을 와인딩한 후 1제를 도포하고 처리시간을 설정할 수 있다.	①	②	③	④	⑤
	5. 원하는 디자인 펌의 웨이브형성을 테스트컬한 후 중화처리 할 수 있다.	①	②	③	④	⑤
디자인 헤어펌 마무리하기	1. 헤어펌 유형에 따라 로드오프하여 마무리 세척을 할 수 있다.	①	②	③	④	⑤
	2. 헤어펌 유형에 따라 헤어스타일링을 위해 모발에 잔여 수분함량을 조절할 수 있다.	①	②	③	④	⑤
	3. 헤어스타일 연출 제품을 사용하여 마무리할 수 있다.	①	②	③	④	⑤
	4. 고객에게 홈케어 방법을 설명하고 필요한 제품을 추천할 수 있다.	①	②	③	④	⑤

[진단결과]

진단영역	문항 수	점수	점수 ÷ 문항 수
디자인 헤어펌 하기	5		
디자인 헤어펌 마무리하기	4		
합 계	9		

* 자신의 점수를 문항 수로 나눈 값이 '3점' 이하에 해당하는 영역은 업무를 성공적으로 수행하는 데 요구되는 능력이 부족하다는 의미이므로 교육훈련이나 개인학습을 통한 개발이 필요함

참고 문헌

1) 국제헤어디자인연구회 저(2012). "c.c.c Basic Permament Wave", 서울: 청구문화사, p.25.
2) 홍도화, 박기원, 강영이, 김민정, 김진숙, 안영희, 오명숙, 이수진, 한미옥, 홍영의 저(2006), "미용장 개론", 서울: 청구문화사, p.92.
3) 정인경 저(2005). "미용과학", 서울: 정문각, p.39.
4) 유나경, 김파라 저(2009). "펌 베이직 백과사전", 대구: 도서출판 같은생각(주), p.31.
5) 국제헤어디자인연구회 저(2012). 위의책. p.28.
6) 손해경(2008). "펌 시술이 모발 손상에 영향을 미치는 원인", 한국인체예술학회 9권 3호.p.11.
7) 황정원 저(2001). "화장품학", 서울: 현문사. p.159.
8) 문영숙, 허현숙, 김영순, 정경숙, 김용숙, 고민석, 조한성, 박은준, 정수정, 박소현 저(2008). "모발과 두피관리 입문", 서울: 훈민사, p.55.
9) 곽형심 저(2001). "모발 미용학", 서울: 정문각, p.145.
10) 국제헤어디자인연구회 저(2012). 위의책, p.25.
11) 성경화(2010). "펌제의 pH와 모질의 종류에 따른 모발구조 변화연구", 영산대학교 미용예술대학원 석사학위논문, p.25.
12) ncs 헤어퍼머넌트웨이브_학습모듈. p.4
13) 손지연(2011).얼굴형과 헤어스타일에 따른 이미지 지각 연구. 건국대학교 대학원 의류학과 박사학위논문, p.15.
14) 임도연(2007). 얼굴 형태와 이미지에 따른 웨딩메이크업 연구. 광주여자대학교 미용예술대학원 석사학위논문, p.1
15) 이언영(2011). 체형과 얼굴형에 따른 셀프 패션 이미지 메이킹 시스템 구성 : 일반포멀 정장을 중심으로. 한국디지털디자인협의회.p.62.
16) 최근희 외저(2004). "펌 웨이브 디자인", 엘림출판사. p.67.
17) 강영숙 외저(2003). " 펌 디자인을 위한 베이직 펌", 훈민사. p.81.
18) 고경숙 외저(2010). "헤어 퍼머넌트 디자인". 서울: 훈민사, p.61.
19) 장윤진(2006). 인상교정을 위한 이미지 메이크업 디자인 연구: 얼굴형을 중심으로. 조선대학교 디자인대학원 석사학위논문, pp.19-20.
20) 이민정(2007). 얼굴형에 따른 헤어웨이브 선호도 연구, 한남대학교 사회문화대학원 석사학위논문, pp.11-14.
21) 박종옥(2013).얼굴 형태별 웨이브스타일의 헤어길이에 따른 이미지 지각과 만족도 연구 (전문가와 일반인을 대상으로), 서경대학교 미용예술대학원 석사학위논문, pp.6-11.
22) 이민정(2007). 위의책. pp.17-18.
23) 이민정(2007). 위의책. p.70.
24) 노정애 외저(2005). 퍼머넌트 웨이브 디자인. 서울: 훈민사. p.81.
25) ncs 헤어퍼머넌트웨이브_학습모듈. p.4
26) ncs 헤어퍼머넌트웨이브_학습모듈. p.13
27) 최연희, 최중석, 박기원, 이수경, 정년구, 권대순, 김혜정, 박은준, 엄성례, 장진미 저(2011). "FUN FUN Perm 퍼머넌트 웨이브 디자인", 서울: 청구문화사,p.68.
28) 최연희, 최중석, 박기원, 이수경, 정년구, 권대순, 김혜정, 박은준, 엄성례, 장진미 저(2011). 위의책, p.97.
29) (사)대한 미용사회 저. NCS 기반 신자격 설계 인증기준, 평가기준 (이 미용분야). 헤어디자이너 L2, p. 175.

NCS 적용교육!!
어드밴스 헤어
퍼머넌트 웨이브
Administrator Hair Permanent Wave

2017년 3월 10일 초판 발행
2020년 9월 1일 개정판 발행
2023년 9월 5일 개정2판 발행

저 자 박은준 · 권은실 · 박명희 · 양미숙
강주희 · 김동분 · 김종란 · 김혜정
신임순 · 유세은 · 최 진

발행인 주병오 / 주민기

발행처 메디시인

경기도 파주시 회동길 209
파주출판문화정보산업단지

영업팀 (031)955－7566 · 7577
편집디자인팀 (031)955－7731
F A X (031)955－7730
홈페이지 www.ji-gu.co.kr
이메일 jigupub@hanmail.net
등록번호 1979년 7월 13일 제 9-57호

ISBN 979－11－86739－64－8 값 25,000원